A dupla hélice

James D. Watson

A dupla hélice

Como descobri a estrutura do DNA

Apresentação à edição brasileira:
Fernando Reinach

Tradução:
Rachel Botelho

Revisão técnica:
Denise Sasaki

ZAHAR

Para Naomi Mitchison

Grafia atualizada segundo o Acordo Ortográfico da Língua Portuguesa de 1990, que entrou em vigor no Brasil em 2009.

Tradução autorizada da edição inglesa, publicada em 2010 por Phoenix, um selo de Orion Books Ltd., uma divisão de Hachette UK, de Londres, Inglaterra
Publicado pela primeira vez na Inglaterra em 1968 por Weidenfeld & Nicolson

Título original
The Double Helix (The Discovery of the Structure of DNA)

Capa
Sérgio Campante

Foto da capa
© Will & Deni McIntire / Getty Images

Preparação
Luciana Aché

Revisão
Eduardo Farias
Carolina Sampaio

CIP-Brasil. Catalogação na publicação
Sindicato Nacional dos Editores de Livros, RJ

W332d Watson, James D., 1928-
A dupla hélice: como descobri a estrutura do DNA / James D. Watson; tradução Rachel Botelho; apresentação Fernando Reinach. – 1ª ed. – Rio de Janeiro: Zahar, 2014.

Tradução de: The double helix: the discovery of the structure of DNA
ISBN 978-85-378-1174-0

1. Genética humana. 2. Fisiologia humana. 3. Biologia molecular. I. Título.

13-06927 CDD: 576.5
CDU: 575

EDITORA SCHWARCZ S.A.
Praça Floriano, 19, sala 3001 – Cinelândia
20031-050 – Rio de Janeiro – RJ
Telefone: (21) 3993-7510
www.companhiadasletras.com.br
www.blogdacompanhia.com.br
facebook.com / editorazahar
instagram.com / editorazahar
twitter.com / editorazahar

Sumário

Apresentação à edição brasileira

James Watson publicou este livro quando tinha quarenta anos. Não foram anos sem emoções.

Aos 24, juntamente com Francis Crick, ele publicou um pequeno trabalho científico, contendo uma única figura: a dupla hélice que hoje aparece até em embalagens de shampoo. Essas duas páginas, as mais famosas da biologia no século XX, descreviam pela primeira vez a estrutura do DNA.

O último parágrafo desse minúsculo trabalho começa com a seguinte frase: "Não escapou à nossa atenção..." O resto da sentença, meras dezesseis palavras, descreve uma solução para o mistério que atormentava a humanidade: por que um novo ser vivo é quase uma cópia de seus pais.

Aos 35 anos o jovem Jim recebeu o Prêmio Nobel. E cinco anos depois resolveu contar como a estrutura do DNA foi descoberta. O título original do manuscrito era "Honest Jim".*

Livros em que cientistas famosos, com egos enormes, relatam suas descobertas dificilmente são *page turners*. Uma das poucas exceções é *A dupla hélice*.

O que se passou durante os meses em que a estrutura do DNA foi decifrada lembra um romance de suspense. As aventuras amorosas, as intrigas e fofocas, a concorrência entre os

* Ver nota à página 32.

diversos grupos e a personalidade dos envolvidos estão em cada página. E se misturam à ciência que estava sendo criada.

Você não vai encontrar um assassinato, mas os outros elementos de um romance policial estão presentes. É assim que é feita a ciência no mundo real, por pessoas semelhantes ao resto da humanidade. É difícil parar de ler.

Foi esta descrição realística do que ocorreu naqueles meses que tornou o livro um grande best-seller. Muitos dos protagonistas ficaram indignados com "Honest Jim". Alguns tentaram convencer Watson a desistir do projeto. Mas do alto da estrutura do DNA e com o prestígio de um ganhador do Prêmio Nobel, o jovem Watson resistiu. O resultado é a primeira descrição indiscreta de uma grande descoberta científica. E nós devemos agradecer.

FERNANDO REINACH, 2013

Fernando Reinach é biólogo e foi um dos coordenadores do primeiro projeto genoma brasileiro. Professor titular e ex-docente no Departamento de Bioquímica da USP – Universidade de São Paulo, é autor do livro *A longa marcha dos grilos canibais* e colunista de *O Estado de S. Paulo*.

Introdução

A ciência, para o público em geral, está desconectada das pessoas que a praticam. Todos sabem sobre os vírus ou a radiação de fundo do Big Bang, mas quase ninguém seria capaz de dizer quem os descobriu. O DNA é diferente por causa deste livro. Desde a primeira frase ("Nunca vi Francis Crick com um humor contido"), ele combina os fatos científicos com a narrativa animada – para não dizer desconcertante – de como foram revelados. Reler o livro, no meu caso depois de quase trinta anos, é reiterar a genialidade dos que fizeram esse trabalho. É também um lembrete do quanto a ciência e os cientistas mudaram nas décadas desde que Watson e Crick escreveram, em 1953, o artigo que inaugurou a genética moderna.

Naquele ano, a ciência na Grã-Bretanha ainda era, no pior sentido, britânica. Tratava-se de uma profissão de classe média alta, basicamente masculina, que permanecia concentrada nas universidades de províncias mais antigas. Desde então (e apesar de determinadas ações contrárias), tornou-se muito mais aberta. Para a genética, o encontro, em 1951, de James Watson, com apenas 23 anos, e Francis Crick, com 35, foi o primeiro passo no processo de democratização da profissão. Embora a empolgação viesse da descoberta da estrutura do DNA, *A dupla hélice* é tanto um relato da sociologia da ciência quanto da ciência em si. Sir Lawrence Bragg, um personagem mais velho na história, descreve o livro, em seu prefácio à primeira edição, como um drama dos mais nobres; mas, em um tom um tanto sofrido, acrescenta que "os que figuram no livro devem lê-lo com um espírito muito inclinado ao perdão". Vocês entenderão o que ele quis dizer.

É quase obrigatório aos grandes cientistas afirmarem, como Newton, que a genialidade deles se deve ao fato de caminharem sobre ombros de gigantes. Watson e Crick preferiram se apoiar nas pontas dos pés. *A dupla hélice* é cheio de um humor encantador à custa de seus superiores. Às vezes, vai além do juízo: há parágrafos inteiros cheios de veneno que visam alvos cuja identidade era clara para os entendidos. O relato de Watson (redimido, de certa forma, por um pós-escrito curiosamente envergonhado) sobre o papel de Rosalind Franklin no trabalho ("A ideia de que o melhor lar para uma feminista seria o laboratório de outra pessoa não podia ser evitada") é particularmente ofensivo ao leitor moderno.

Nada disso neutraliza o fato de que – como outro biólogo de sua geração vencedor do Prêmio Nobel, Peter Medawar, coloca – Watson e Crick não eram apenas engenhosos, mas tinham sobre o que serem engenhosos. Vale a pena posicionar o DNA em seu contexto. A genética é uma ciência sem passado. Antes de Mendel, menos de um século e meio atrás, não havia nada. Mesmo depois que o trabalho dele foi redescoberto, em 1901, a genética estava, como o próprio Mendel, interessada apenas em sexo. Os genes eram mapeados de um modo marcadamente biológico a partir de cruzamentos entre ratos, moscas ou fungos, e da observação de como as características eram distribuídas entre seus descendentes. A natureza do material herdado era ignorada.

Embora fosse um trabalho brilhante, ele não alcançou seu objetivo. Pretendia inferir o mecanismo da máquina genética.

Suas raízes estavam mais na teoria do que na prática; mais na física do que na química. Por um tempo, de fato, a genética em si correu o risco de se tornar quase um ramo da matemática. Muito da estatística moderna se desenvolveu durante a análise de experiências com reprodução. Na época de Watson e Crick, um ramo da disciplina, a genética populacional, retraiu-se em uma postura de elegância estática, a ponto de perder contato com o laboratório como um todo. Logo, a genética se viu em um gueto totalmente separado do ocupado pela bioquímica, mais preocupada em descobrir as redes químicas que mantêm as células unidas do que em perguntar onde poderia estar a informação para fabricá-las.

O DNA foi extraído primeiro de bandagens encharcadas de pus. Por ser abundante no esperma dos peixes, a substância tornou-se conhecida mais tarde como "espermina". Essa pista de sua importância foi ignorada, porque o DNA parecia muito pouco sofisticado. Tinha apenas quatro subunidades químicas, repetidas muitas vezes em um longo fio; diferentemente, digamos, de proteínas com cerca de vinte componentes e uma vasta diversidade de tamanhos e formas. As proteínas eram as candidatas óbvias ao material genético: o DNA era a "molécula estúpida", tão simples que não poderia ter um papel maior no organismo.

A ideia de que algo tão simples pudesse ser o agente da hereditariedade teve de esperar até 1944. Nesse momento, tornou-se possível alterar a aparência de colônias de certas bactérias tratando-as com DNA extraído de outras colônias com formato diferente. A alteração, surpreendentemente, fora herdada. A informação fora transmitida de uma geração para a seguinte por meio do DNA. Ninguém entendia como aquilo era possível.

Este livro conta a história de como a estrutura do DNA – duas cadeias combinantes de substâncias químicas simples chamadas "bases", enroladas uma em volta da outra em uma dupla hélice – foi descoberta. Isso apresentou uma possibilidade imediata de se inferir como os genes se replicavam e transmitiam informação dos pais à descendência. Watson e Crick também fizeram essa observação na (talvez) falsa modéstia da última frase de seu artigo: "Não escapou à nossa atenção que o emparelhamento específico que nós postulamos sugere de imediato um possível mecanismo de cópia para o material genético."

A partir dessa famosa frase, o estudo do DNA explodiu. Não satisfeito em ter descoberto a estrutura da molécula, oito anos depois, em outro *tour de force* intelectual, Crick (junto com Sydney Brenner e outros) decifrou a linguagem genética em si. Ao adicionar bases do DNA uma a uma a extensões curtas da estrutura de um vírus eles demonstraram que a mensagem se baseava em um código de três unidades lido de uma ponta a outra. Uma base extra, ou duas, introduzidas na sequência interrompiam o processo de leitura além do ponto de inserção; mas três devolviam algum tipo de sentido. Analogamente ao hebraico, a mensagem genética não continha espaços entre as palavras (apesar de que, diferentemente de qualquer língua falada, todas as palavras tinham sempre três letras). Acrescentar uma ou duas letras provocava um caos na mensagem. Adicionar três, no entanto, apenas inseriu uma palavra extra em uma mensagem que já tinha centenas delas.

Em 1966, o código para cada aminoácido e para os inícios e términos das frases que os instruíam a formar proteínas estava solucionado. Watson ajudou a esclarecer como a mensagem herdada era lida. Ele estudou uma molécula intermediária, o RNA, que carrega a informação genética contida no DNA ao longo da célula. O trabalho levou ao que ele chamou de dogma central da biologia molecular, que afirma que o DNA dá origem ao RNA, que sintetiza proteína (embora, depois, Watson tenha admitido não saber, na época, o que "dogma" realmente significava).

Como para a maioria de seus colegas, o dogma central logo se tornou confuso. Em alguns vírus, o RNA é o material genético. Além do mais, o fluxo de informações pode ser revertido. Em vez de o DNA passar as instruções para a célula por meio do RNA, alguns vírus (como o da Aids) persuadem as células em divisão a fazer cópias de DNA a partir do próprio genoma de RNA do vírus.

Os cientistas que começaram o trabalho com a "molécula estúpida" ficaram impressionados com a clareza de seu código. Em pesquisas posteriores, a biologia – raramente pura e nunca simples – assumiu o controle, e a arquitetura dos genes parece agora bem mais extravagante do que era razoável supor em 1953. Longe de ser uma simples fita de instruções, em muitas criaturas o DNA tem uma estrutura amplamente intrincada. Sua falta de refinamento talvez não seja surpreendente: no fim das contas, os genes evoluíram, e a evolução é famosa por fazer um trabalho grosseiro, mas eficaz, ao moldar seus produtos para enfrentarem nosso mundo incerto.

Foi, no entanto, um choque para os fundadores da biologia molecular descobrir que genes ativos de organismos mais complexos compõem apenas uma pequena porção de seu DNA. Frequentemente, os próprios genes são interrompidos por cadeias de bases que não codificam nada. A sequência completa, embora descontínua, é traduzida em RNA e – com uma perversidade estranha à física – editada para remover seções redundantes. Pior ainda, muito do DNA consiste de repetições da mesma sequência. Uma série de letras é seguida por sua imagem espelhada e, a seguir, de volta ao original, milhares de vezes. Espalhados entre tudo isso estão os cadáveres de genes que morreram tempos atrás e podem ser reconhecidos como tais apenas por sua similaridade com outros que ainda funcionam. A imagem do material genético mudou. O DNA não é mais um simples kit de instruções. Em vez disso, é um deserto de rigidez e restos extenuados pela deterioração.

A procura pelo RNA intermediário, no entanto, ajuda a rastrear quais genes sintetizam proteínas e quantos são eles. O número é surpreendentemente modesto: apenas 60 mil genes compõem um ser humano. Nas células vermelhas do sangue, 66 são ativos; nos rins ou no fígado, 2 ou 3 mil. No cérebro, metade do total trabalha o tempo todo.

O século XIX havia ignorado Mendel porque a máquina da hereditariedade parecia menos misteriosa do que o que ela produzia. O que gera um elefante em vez de uma enguia a partir de um óvulo fertilizado que parecia praticamente idêntico ao outro? O que, por falar nisso, dá origem a elefantes ou enguias, para começo de conversa? Enquanto planos para listar a ordem das bases do DNA seguem adiante – completos para algumas bactérias e leveduras, prestes a serem concluídos para um determinado verme e a caminho dos 3 bilhões de bases do nosso próprio material genético –, as velhas perguntas são feitas novamente.

A biologia agora foi unificada pela teoria da evolução. A nova genética apoia – na verdade, prova – a noção de Darwin de descendência compartilhada. Ela mostra como a vida se organiza em uma hierarquia de parentesco. O DNA guarda alguns segredos surpreendentes. Ele revela que a afinidade entre, digamos, o homem e a banana é muito maior do que entre duas bactérias aparentemente indistinguíveis. Cogumelos, por sua vez, são um grupo tão distinto e diverso quanto são animais e plantas considerados como uma entidade única, que inclui elefantes, enguias e olmos.

Darwin derrubou a humanidade de seu altar. O DNA esfrega o nosso rosto na lama biológica. Homens e chimpanzés compartilham 99% dos genes. Doenças herdadas em humanos são encontradas em ratos, gatos e cães. Os genes que controlam os processos fundamentais da vida, como a divisão celular, são similares até mesmo em criaturas tão distintas quanto nós e as leveduras. Esse conservadorismo evolutivo significa que criaturas surpreendentes podem ser recrutadas para participar da genética humana. Um peixe japonês, o fugu (famoso por envenenar os que o comem sem preparo adequado), carece, por alguma razão, de nossas próprias áreas de DNA redundante. Ele é usado para mapear genes – cuja ordem acontece de ser parecida com a dos humanos – sem termos de atravessar penosamente um deserto molecular.

Apesar de sua afinidade genética, homens e peixes – ou mesmo homens e chimpanzés – são muito diferentes. Permanece quase um mistério como o DNA em um óvulo praticamente sem forma se traduz em um corpo adulto. Alguns genes codificam proteínas que atuam como bloqueadoras no início do desenvolvimento, empurrando um embrião para um caminho ou outro. Eles não precisam ser complicados: o que faz um embrião humano se desenvolver como homem em vez de mulher é apenas um par de centenas de bases. Outros genes com efeitos igualmente dramáticos (que levam uma mosca a desenvolver um par extra de asas, por exemplo) são tão simples quanto. A dupla obsessão vitoriana – com o desenvolvimento do ovo ao organismo e com a evolução do primordial ao primata – voltaram. Elas irão dominar a biologia do século XXI.

A despeito dos progressos fundamentais que possam ser feitos, a genética, como a maioria das ciências, frequentemente avança com a intenção de gerar lucro. Ela progrediu de forma tão rápida depois de 1953 que, por um tempo, as perspectivas comerciais pareciam ilimitadas. Houve uma rápida expansão na biotecnologia, prometendo não apenas aquecedores e tonéis em quantidade, mas o potencial de enriquecer além dos sonhos mais ambiciosos. Houve alguns triunfos (modificar bactérias para que fizessem a proteína usada para tratar a hemofilia, ou as ovelhas para que secretassem o hormônio do crescimento humano em seu leite), mas a maioria das empresas não produziu nada.

Outro exemplo de arrogância biológica também foi forçado a encarar a realidade. Em dado momento, parecia que doenças hereditárias poderiam ser curadas com a substituição do DNA problemático. Isso permanece mais como promessa do que como realidade. No entanto, existe esperança de que entender os defeitos da genética facilitará seu tratamento. Todos os grandes assassinos do mundo ocidental – câncer, doenças cardíacas, diabetes – apresentam um componente hereditário. Identificar as pessoas em risco antes que os sintomas apareçam é o primeiro passo para a cura. Isso também pode ajudar a convencê-las a mudarem suas vidas. A variação herdada na suscetibilidade ao tabaco significa que, se todo mundo fumasse, o câncer de pulmão seria uma doença genética. Saber que o cigarro leva à morte certa irá aumentar muito a consciência dos que correm mais perigo.

A ciência não existe em um vácuo social. Justo no momento em que os geneticistas começam a se dar conta da distância entre o DNA e o organismo, seu principal tema está sendo distorcido. A sociedade parece ser pouco mais do que o produto dos genes. Relatos de variações hereditárias de personalidade, inteligência ou agressividade se tornaram banais. Não há dúvida de que tal variação existe. Com metade dos genes ativos no cérebro, não surpreende que haja influências hereditárias no comportamento. Alguns afirmam que os nascidos com genes para QI baixo ou mau gênio não podem ser ajudados. E essa pauta de fatalismo sugere que a sociedade deve aprender a controlar (em vez de reabilitar) os membros mais fracos. Estranhamente, os fatalistas sempre insistem no melhor ambiente possível quando se trata de seus próprios filhos.

A lógica tem uma falha fatal. Ela tropeça no significado de "para", a palavra mais perigosa na genética. Não há genes para o comportamento. Nenhum padrão de conduta é imune aos efeitos do ambiente – ou do DNA. É inútil tentar separá-los. O fato de que as doenças cardíacas são influenciadas pelos genes não faz com que deixem de ser tratadas com remédios. Da mesma forma, a melhor maneira de incrementar o QI da nação – por mais que a sua variabilidade possa ser herdada – seria dobrar o salário dos professores.

Emergem tantas predisposições hereditárias no organismo e na mente que os estudiosos se deparam com a situação de *The Gondoliers* (a opereta de Gilbert e Sullivan, na qual um estado inteiro é promovido à aristocracia). Quando tudo é visto como sendo ao menos em parte controlado pelos genes, a genética pode perder o encantamento: como os aristocratas que limpam as botas cantam, desanimados, "quando todo mundo é alguém, ninguém é alguém!". Da mesma forma, se todos os atributos humanos concebíveis têm algum componente genético (como provavelmente têm), o público saberá em breve como isso significa pouco. E aí a biologia poderá voltar a ser uma ciência, em vez de um elixir social.

Os avanços incríveis desde a descoberta da dupla hélice enfatizam o quanto é difícil para os estudiosos da área de humanas entenderem o imediatismo da ciência. Na biologia ainda é possível conversar com figuras que seriam, para um historiador, equivalentes a Hitler ou Napoleão. Crick e Watson – ambos ainda conosco – se enquadram (do melhor modo possível, é claro) fortemente nessa categoria.

Ambos deram continuidade a carreiras notáveis nos quarenta anos seguintes à sua grande descoberta. Watson retornou aos Estados Unidos, primeiro para a Caltech, depois para Harvard e o Laboratório Cold Spring Harbor, um ponto focal de pesquisa em biologia molecular. Por muitos anos, liderou o Projeto Genoma Humano, o programa criado para desvendar a sequência completa do DNA humano. Em 1976, Crick mudou-se de Cambridge para o Instituto Salk, em San Diego, e passou a estudar a consciência, um tema ainda resistente à compreensão, como era a hereditariedade antes de Mendel. Sua autobiografia *What Mad Pursuit* apresenta sua própria perspectiva dos acontecimentos de 1953. Maurice Wilkins permaneceu no King's College até se aposentar. Rosalind Franklin morreu em 1958, e sir Lawrence Bragg, em 1971. Muitos dos outros personagens descritos nestas páginas ainda estão por aí. A maioria desempenhou um papel importante no progresso da biologia moderna, mas nenhum pode reivindicar uma descoberta tão maravilhosa quanto a de Watson e Crick.

No final, entretanto, a ciência é o que importa; os cientistas, nem um pouco. Ler esta obra é saber o que deve ter sido participar do que Watson chama, com uma honestidade alentadora, "o acontecimento mais célebre da biologia desde o livro de Darwin". É notoriamente difícil identificar momentos decisivos na ciência. Muitas vezes, eles são reconhecidos apenas anos depois da ideia em si. Com a estrutura do DNA não foi assim: sua importância era óbvia desde que o primeiro modelo primitivo de sua forma foi feito. A dupla hélice é o ícone da era moderna, e a história da sua descoberta, como contada em *A dupla hélice*, não foi suplantada neste século [XX]. Quem sabe será no próximo?

STEVE JONES, 1996

Steve Jones é professor emérito de genética do University College London. Autor de diversos livros, entre eles *A ilha de Darwin*, *The Language of the Genes* e *Almost Like a Whale*, é também colunista do *Daily Telegraph*.

Prefácio

Este relato dos acontecimentos que levaram à solução da estrutura do DNA, o material genético fundamental, é único de diversas formas. Eu fiquei muito contente quando Watson me pediu para escrever a apresentação.

Em primeiro lugar, temos seu interesse científico. A descoberta da estrutura por Crick e Watson, com todas as suas implicações biológicas, foi um dos maiores acontecimentos científicos deste século [XX]. O número de pesquisas que inspirou é impressionante; ela provocou uma explosão na bioquímica que transformou a ciência. Eu fui um dos que incentivou o autor a escrever suas memórias enquanto ainda estivessem frescas em sua mente, sabendo de sua importância como contribuição para a história da ciência. O resultado superou as expectativas. Os últimos capítulos, em que o nascimento da nova ideia é descrito tão vividamente, constituem um drama dos mais nobres; a tensão aumenta progressivamente até o clímax final. Não conheço nenhuma outra situação em que seja possível compartilhar com tanta intimidade os conflitos e dúvidas e o triunfo final do pesquisador.

Mais uma vez, a história é um exemplo comovente de um dilema com o qual um pesquisador pode se confrontar. Ele sabe que um colega trabalha há anos em um problema e acumulou um grande volume de provas difíceis de serem obtidas, e que estas ainda não foram publicadas pela expectativa de que o sucesso virá em breve. Ele viu as provas e tem boas razões para acreditar que pode vislumbrar um método de ataque, talvez simplesmente um novo ponto de vista, que levará direto à solução. Uma oferta de colaboração nessa etapa do processo pode muito bem ser considerada uma invasão. Ele deveria seguir em frente sozinho? Não é fácil saber se aquela nova ideia crucial pertence realmente a uma pessoa ou foi assimilada inconscientemente durante conversas com outros. A percepção dessa dificuldade levou ao estabelecimento de um código um pouco vago entre cientistas que reconhece uma reivindicação em uma linha de pesquisa defendida por um colega – até certo ponto. Quando a concorrência vem de mais de uma direção, não há necessidade de se refrear. O dilema fica claro na história do DNA. É uma fonte de profunda satisfação para todos os envolvidos intimamente que, na premiação do Nobel de 1962, tanto a longa e paciente pesquisa de Wilkins no King's College (Londres) quanto a rápida e brilhante solução final de Crick e Watson em Cambridge tenham recebido o merecido reconhecimento.

Por fim, há o interesse humano da história – a impressão causada pela Europa e pela Inglaterra em particular sobre um jovem rapaz dos Estados Unidos. Ele escreve com uma franqueza digna de Samuel Pepys. Os que figuram no livro devem lê-lo com um espírito muito inclinado ao perdão. Devemos nos lembrar que este livro não é uma história, mas uma contribuição autobiográfica à história que, um dia, será escrita. Como o próprio autor diz, o livro é um registro de impressões mais do que um relato de fatos históricos. Os temas eram frequentemente mais complexos, e os motivos dos que tinham de lidar com eles eram menos tortuosos do que ele percebera na época. Por outro lado, devemos admitir que sua compreensão intuitiva da fragilidade humana atinge frequentemente o alvo.

O autor mostrou o manuscrito para alguns de nós envolvidos na história, e sugerimos correções de fatos históricos aqui e ali, mas, pessoalmente, eu relutei em alterar muita coisa, porque o frescor e a franqueza com as quais essas impressões foram registradas são parte essencial do interesse deste livro.

W.L.B.

Sir Lawrence Bragg (1890-1971) era o diretor do Laboratório Cavendish, da Universidade de Cambridge, quando a dupla hélice foi descoberta. Junto com o pai, William Henry, criou a cristalografia de raios X, pela qual receberam o Prêmio Nobel em 1915.

A dupla hélice

Abertura

Eu conto aqui a minha versão de como a estrutura do DNA foi descoberta. Ao fazê-lo, tentei apreender o clima dos primeiros anos do pós-guerra na Inglaterra, quando a maioria dos acontecimentos importantes ocorreu. Como espero que o livro mostre, a ciência raramente caminha da maneira linear lógica imaginada por quem é de fora. Em vez disso, seus passos para a frente (e, às vezes, para trás) muitas vezes são constituídos por acontecimentos totalmente humanos, em que pessoas e tradições culturais desempenham papéis de destaque. Com essa finalidade, procurei recriar as minhas primeiras impressões dos acontecimentos e personalidades relevantes mais do que apresentar uma análise que levasse em conta o grande número de fatos que aprendi desde a descoberta da estrutura. Embora a última abordagem pudesse ser mais objetiva, ela deixaria de transmitir o espírito de uma aventura caracterizada tanto por arrogância juvenil, quanto pela crença de que a verdade, uma vez encontrada, seria tanto simples quanto bela. Assim, muitos dos comentários poderão parecer tendenciosos ou injustos, mas esse é frequentemente o caso quando seres humanos, de modo incompleto e apressado, decidem gostar ou não de uma nova ideia ou de um conhecido. Seja como for, essa narrativa representa o modo como eu via as coisas na época, em 1951-53: as ideias, as pessoas e a mim mesmo.

Reconheço que outros participantes dessa história poderiam contar trechos dela de maneiras diferentes, algumas vezes porque sua memória sobre o que aconteceu difere da minha e, talvez até em mais casos, porque duas pessoas nunca veem os mesmos acontecimentos exatamente sob a mesma luz. Por essa razão, ninguém jamais terá condições de escrever uma história definitiva sobre como a estrutura foi estabelecida. Entretanto, sinto que a história deveria ser contada, em parte porque muitos dos meus amigos do meio científico expressaram curiosidade em saber como a dupla hélice foi descoberta, e, para eles, uma versão incompleta é melhor do que nada. Mas, ainda mais importante, acredito, há uma ignorância generalizada sobre como a ciência é "feita". Isso não significa que toda ciência é feita da maneira descrita aqui. Está longe de ser o caso, já que os estilos de pesquisa científica são tão variáveis quanto as personalidades humanas. Por outro lado, não acredito que o modo como o DNA se tornou conhecido constitua uma exceção estranha para um mundo científico complicado pelas tensões contraditórias entre a ambição e o senso de jogo limpo.

A ideia de que eu deveria escrever este livro me acompanhou praticamente desde o momento em que a dupla hélice foi descoberta. Desse modo, minha memória de muitos dos eventos significativos é muito mais completa do que a da maioria dos outros episódios da minha vida. Também fiz uso extensivo de cartas escritas em intervalos quase semanais para meus pais. Elas foram especialmente úteis para datar com precisão alguns dos ocorridos. Tão importantes quanto foram os comentários valiosos de diversos amigos, que gentilmente leram as primeiras versões e fizeram alguns relatos bem detalhados de eventos aos quais eu me referi de forma menos completa. Com certeza, há casos em que minhas memórias diferem das deles, e este livro deve ser visto como minha visão do tema.

Alguns dos capítulos iniciais foram escritos nas casas de Albert Szent-Györgyi, John A. Wheeler e John Cairns, e eu gostaria de agradecer a eles pelos quartos silenciosos com mesas posicionadas de frente para o mar. Os capítulos finais foram escritos com a ajuda de uma bolsa de estudos do Guggenheim, que me permitiu voltar rapidamente para a outra Cambridge e desfrutar da gentil hospitalidade do reitor e dos colegas do King's College.

Tanto quanto possível, incluí fotografias tiradas na época em que a história ocorreu, e eu gostaria de agradecer, em particular, a Herbert Gutfreund, Peter Pauling, Hugh Huxley e Gunther Stent por terem me enviado alguns de seus instantâneos. Pela assistência editorial, devo muito a Libby Aldrich pelas observações rápidas e perspicazes esperadas dos nossos melhores alunos de Radcliffe, e a Joyce Lebowitz tanto por evitar que eu fizesse um completo mau uso da língua inglesa quanto pelos incontáveis comentários sobre como um bom livro deve ser. Por fim, gostaria de expressar minha gratidão pela imensa ajuda que Thomas J. Wilson me deu desde o momento em que viu o primeiro esboço. Sem seus conselhos sábios, calorosos e sensatos, o lançamento deste livro, no que eu espero que seja sua forma correta, poderia nunca ter ocorrido.

Universidade Harvard
Cambridge, Massachusetts
Novembro de 1967

Prólogo

No verão de 1955, combinei de acompanhar alguns amigos que estavam indo para os Alpes. Alfred Tissieres, na época bolsista do King's, disse que poderia me levar até o topo do Rothorn, e, apesar de ter pavor de altura, não pareceu que aquele era um momento para covardia. Depois de entrar em forma deixando que um guia me conduzisse Allinin acima, embarquei no ônibus para uma viagem de duas horas até Zinal, torcendo para o motorista não ficar enjoado enquanto conduzia o ônibus atabalhoadamente pelo caminho estreito que serpenteava acima das escarpas de rochas soltas. Nesse momento, vi Alfred parado em frente ao hotel, falando com um acadêmico bigodudo do Trinity que havia estado na Índia durante a guerra.

Como Alfred ainda estava fora de forma, decidimos passar a tarde andando até um pequeno restaurante que ficava na base da enorme geleira que descia do alto do Obergabelhorn e sobre a qual andaríamos no dia seguinte. Tínhamos perdido o hotel de vista havia apenas poucos minutos quando avistamos um grupo vindo em nossa direção, e eu rapidamente reconheci um dos alpinistas. Era Willy Seeds, um cientista que havia trabalhado, há muitos anos, no King's College, em Londres, com Maurice Wilkins nas propriedades ópticas das fibras de DNA. Willy logo me viu, diminuiu o passo e momentaneamente deu a impressão de que tiraria sua mochila para conversar um pouco. Mas tudo o que ele disse foi "Como vai, Honest Jim?",* e, acelerando rapidamente o passo, logo estava abaixo de mim na trilha.

Mais tarde, enquanto eu me arrastava na subida, pensei mais uma vez nos nossos primeiros encontros em Londres. Naquela época, o DNA ainda era um mistério a ser desvendado, e ninguém tinha certeza de quem o faria e se o mereceria caso o DNA se provasse tão empolgante quanto nós, semissecretamente, acreditávamos. Mas agora a corrida tinha acabado, e, como um dos vencedores, eu sabia que a narrativa não era simples, e muito menos como os jornais relatavam. Envolvia, basicamente, cinco pessoas: Maurice Wilkins, Rosalind Franklin, Linus Pauling, Francis Crick e eu. E, como Francis foi a força principal na constituição do meu papel, começarei a história por ele.

* Literalmente, "Jim Honesto". A expressão foi usada de forma maliciosa por Seeds, que decerto não considerava a conduta de Watson muito correta (e talvez estivesse aludindo ao personagem da raposa em *Pinóquio*, chamado João Honesto – em inglês, Honest John). No entanto, acabou virando uma espácie de "apelido literário" de Watson por conta da notória franqueza direta e sem reservas de seus livros, que lhe rendeu diversas polêmicas ao longo da vida. (N.T.)

1

Nunca vi Francis Crick com um humor contido. Talvez na companhia de outra pessoa ele fosse assim, mas nunca tive razão para julgá-lo. Não tinha nada a ver com sua fama atual. Hoje em dia, muito se fala sobre ele, habitualmente com reverência, e algum dia ele poderá ser encaixado na mesma categoria de Rutherford ou Bohr. Mas isso não era verdade quando, no outono de 1951, eu vim para o Laboratório Cavendish da Universidade de Cambridge para me juntar a um pequeno grupo de físicos e químicos que trabalhavam nas estruturas tridimensionais das proteínas. Naquela época, ele tinha 35 anos e era quase completamente desconhecido. Apesar de alguns de seus colegas mais próximos perceberem o valor de sua mente ágil e penetrante, e de procurarem seus conselhos com frequência, ele, muitas vezes, não era querido, e a maioria das pessoas achava que falava demais.

O líder da unidade à qual Francis pertencia era Max Perutz, um químico nascido na Áustria, que veio para a Inglaterra em 1936. Ele colecionava dados de difração de raios X de cristais de hemoglobina havia mais de dez anos e estava começando a chegar a algum lugar. Contava com a ajuda de sir Lawrence Bragg, o diretor do Cavendish. Por quase quarenta anos, Bragg, vencedor do Prêmio Nobel e um dos descobridores da cristalografia, observava que métodos de difração de raios X elucidavam estruturas de dificuldade crescente. Quanto mais complexa a molécula, mais feliz Bragg ficava quando um novo método permitia sua elucidação.* Dessa forma, nos anos imediatamente posteriores ao pós-guerra, Francis estava vidrado na possibilidade de elucidar as estruturas das proteínas, as mais complicadas de todas as moléculas. Frequentemente, quando os deveres administrativos permitiam, ele visitava o escritório de Perutz para discutir os dados recém-descobertos sobre raios X. Depois, voltava para casa para ver se conseguia interpretá-los.

Em algum lugar entre o teórico Bragg e o experimental Perutz estava Francis, que fazia experimentos ocasionais, mas, com maior frequência, submergia nas teorias, tentando determinar estruturas de proteínas. Muitas vezes, se deparava com algo novo, ficava muito entusiasmado e falava disso em seguida para qualquer um que pudesse ouvi-lo. Um dia depois, normalmente, percebia que a teoria não funcionava e voltava para seus experimentos, até que o tédio gerasse uma nova investida contra a teoria.

Havia um componente dramático relacionado a essas ideias. Todas elas contribuíam muito para animar a atmosfera do laboratório, onde os experimentos levavam geralmente vários meses, até alguns anos. Isso se deu, em parte, por causa do volume da voz de Crick: ele falava mais alto e rápido do que qualquer outra pessoa e, quando ria, era fácil localizá-lo dentro do Cavendish. Quase todos gostávamos desses momentos maníacos, em especial quando tínhamos tempo de ouvi-lo com atenção e dizer-lhe sem rodeios quando perdíamos o curso de sua argumentação. Mas havia uma exceção notável. As conversas com Crick aborreciam sir Lawrence Bragg com

* Para uma explicação mais clara da técnica de difração de raios X, veja John Kendrew, *The Thread of Life: An Introduction to Molecular Biology* (1966), p.14.

frequência, e o som da sua voz costumava bastar para fazer com que Bragg mudasse para uma sala mais protegida. Apenas de vez em quando ele vinha para o chá no Cavendish, porque isso significava suportar o vozeirão de Crick. Mas nem assim Bragg estava totalmente a salvo. Em duas ocasiões, o corredor do lado de fora de seu escritório inundou de água que jorrava de um laboratório onde Crick trabalhava. Francis, com seu interesse na teoria, não apertara o suficiente os tubos de borracha ao redor da bomba de sucção.

Na época da minha chegada, as teorias de Francis haviam se espalhado para além dos limites da cristalografia de proteínas. Qualquer coisa importante o atraía, e ele visitava outros laboratórios com frequência para ver os novos experimentos que haviam sido realizados. Apesar de geralmente ser educado e ter consideração com colegas que não percebiam o real significado de seus últimos experimentos, nunca escondeu esse fato deles. Quase de imediato sugeria uma bateria de novos experimentos que poderiam confirmar sua interpretação. Além disso, não conseguia evitar dizer na sequência, para todos que pudessem ouvi-lo, como sua ideia nova e inteligente poderia fazer com que a ciência avançasse.

Como resultado, havia um medo não declarado, ainda que real, de Crick, em especial entre seus contemporâneos que ainda precisavam estabelecer uma reputação. O modo ágil como ele apreendia os fatos e tentava reduzi-los a padrões coerentes fazia com que seus amigos muitas vezes ficassem com frio na barriga, receando que em um futuro próximo ele fosse bem-sucedido e expusesse ao mundo suas mentes confusas – escondidas do público pelas maneiras respeitáveis e pelo discuso polido dos colegas de Cambridge.

Apesar de ter direito a uma refeição por semana no Caius College, ele ainda não era bolsista de nenhuma faculdade. Isso fora em parte escolha sua. Claramente não queria ser sobrecarregado pela supervisão desnecessária de tutelados não graduados. Outro fator era sua risada, contra a qual muitos professores poderiam se rebelar se sujeitados à sua explosão trepidante mais do que uma vez por semana. Estou certo de que isso chateava Francis de vez em quando, embora obviamente ele soubesse que a vida na High Table é dominada por homens pedantes de meia-idade, incapazes tanto de impressioná-lo como de lhe ensinar qualquer coisa que valesse a pena.* Havia sempre o King's College, ostensivamente não conformista e capaz de absorvê-lo sem que houvesse perda da individualidade de ambos. Mas, apesar do grande esforço de seus amigos, que sabiam que ele era uma ótima companhia para o jantar, eles nunca foram capazes de esconder o fato de que uma observação casual diante de um copo de *sherry* poderia abrir uma brecha para que Francis entrasse em suas vidas.

* A High Table é uma mesa exclusiva, muitas vezes em plataforma elevada, para professores, estudantes de pós-graduação e convidados nos refeitórios de algumas universidades. (N.T.)

2

Antes da minha chegada a Cambridge, Francis havia pensado apenas ocasionalmente sobre o ácido desoxirribonucleico (DNA) e seu papel na hereditariedade. Não porque o considerasse desinteressante. Muito pelo contrário. O principal fator que o levou a deixar a física e a desenvolver um interesse pela biologia foi a leitura, em 1946, de *What is Life?*, do famoso físico teórico Erwin Schrödinger. O livro propõe com muita elegância a ideia de que os genes são o componente-chave das células vivas e que, para entender o que é a vida, precisamos saber como eles agem. Quando Schrödinger escreveu o livro (1944), havia uma aceitação geral de que genes eram tipos especiais de moléculas de proteína. Mas, quase ao mesmo tempo, o bacteriologista O.T. Avery conduzia experimentos no Instituto Rockefeller, em Nova York, que mostravam que os traços hereditários poderiam ser transmitidos de uma célula bacteriana para outra por moléculas purificadas de DNA.

Como era sabido que o DNA estava presente nos cromossomos de todas as células, os experimentos de Avery sugeriam fortemente que experiências futuras mostrariam que todos os genes eram compostos de DNA. Se fosse verdade, para Francis isso significava que as proteínas não seriam a Pedra de Roseta a revelar o verdadeiro segredo da vida. Em vez disso, o DNA teria de prover a chave que nos permitiria descobrir como os genes determinam, entre outras características, a cor dos nossos cabelos, dos nossos olhos e, muito provavelmente, nossa inteligência relativa e talvez até nosso potencial para divertir os outros.

É claro que havia cientistas que pensavam que a evidência a favor do DNA era inconclusiva e preferiam acreditar que os genes eram moléculas de proteína. Francis, entretanto, não se preocupava com esses céticos. Muitos eram tolos difíceis de lidar que invariavelmente apostavam nos cavalos errados. Ninguém poderia ser um cientista de sucesso sem perceber que, ao contrário da concepção popular apoiada pelos jornais e pelas mães de seus colegas, um bom número de cientistas não só tem a mente estreita e é limitado, como também é simplesmente estúpido.

No entanto, Francis naquela época não estava preparado para mergulhar no universo do DNA. Sua importância básica não parecia ser em si motivo suficiente para tirá-lo do campo das proteínas, no qual vinha trabalhando havia somente dois anos e que apenas começava a dominar intelectualmente. Além disso, seus colegas do Cavendish só estavam interessados de modo superficial nos ácidos nucleicos, e, mesmo com a melhor situação financeira, levaria dois ou três anos para montar um novo grupo de pesquisa dedicado principalmente a usar raios X para observar a estrutura do DNA.

Além do mais, uma decisão como essa poderia criar uma situação pessoal incômoda. Naquele tempo, o trabalho molecular do DNA na Inglaterra era, para todos os fins práticos, propriedade pessoal de Maurice Wilkins, um bacharel que trabalhava em Londres, no King's College.* Como Francis,

* Uma divisão da Universidade de Londres. Não confundir com o King's College de Cambridge.

Maurice era físico e também usava a difração de raios X como principal ferramenta de pesquisa. Seria muito antipático se Francis mergulhasse em um problema no qual Maurice trabalhava havia muitos anos. A questão era ainda pior porque os dois, com quase a mesma idade, se conheciam e, antes que Francis se casasse novamente, se encontravam com frequência para almoçar ou jantar e conversar sobre ciência.

Teria sido bem mais fácil se morassem em países diferentes. A combinação da intimidade da Inglaterra – todas as pessoas importantes, se não estivessem ligadas pelo casamento, pareciam conhecer umas às outras – acrescida do senso de lealdade inglês não permitiria que Francis se movesse em direção ao problema de Maurice. Na França, onde o jogo limpo obviamente não existia, esses problemas não teriam aparecido. Os Estados Unidos também não teriam permitido que uma situação como essa se desenvolvesse. Ninguém esperaria que um pesquisador de Berkeley ignorasse um problema de primeira ordem meramente porque alguém da Caltech havia começado primeiro. Na Inglaterra, entretanto, isso simplesmente não pareceria correto.

Pior ainda, Maurice frustrava Francis continuamente por nunca parecer entusiasmado o bastante em relação ao DNA. Ele parecia gostar de compreender lentamente os argumentos importantes. Não era uma questão de inteligência ou senso comum. Maurice claramente tinha os dois; como é possível ver, já que se dedicou ao DNA antes de quase todos os outros. Francis sentia que nunca conseguiria fazer com que Maurice entendesse que não nos movemos com cautela quando seguramos uma dinamite como o DNA. Além do mais, era cada vez mais difícil tirar a cabeça de Maurice de sua assistente, Rosalind Franklin.

Não que ele estivesse completamente apaixonado por Rosy, como a chamávamos pelas costas. Era o oposto – praticamente desde a sua chegada ao laboratório de Maurice, eles começaram a aborrecer um ao outro. Maurice, um iniciante no trabalho de difração de raios X, queria ajuda profissional e esperava que Rosy, uma cristalógrafa treinada, pudesse acelerar sua pesquisa. Rosy, entretanto, não via a situação desse modo. Ela alegava que recebera o DNA como um problema a ser solucionado e não pensava em si mesma como assistente de Maurice.

Suspeito que, no início, Maurice esperava que Rosy se acalmasse. Na época, uma simples olhada já sugeria que ela não se dobraria com facilidade. Por decisão própria, ela não enfatizava suas qualidades femininas. Apesar dos traços fortes, tinha seus atrativos e poderia ser muito bonita se tivesse ao menos um leve interesse em roupas, coisa que não tinha. Nunca passava batom para contrastar com os cabelos negros e lisos, e, aos 31 anos de idade, seus vestidos mostravam toda a imaginação das adolescentes inglesas intelectualizadas. Assim, era fácil imaginá-la como produto de uma mãe insatisfeita, que enfatizava indevidamente o desejo por carreiras profissionais que pudessem salvar garotas brilhantes de casamentos com homens estúpidos. Mas não era o caso. Sua vida austera e dedicada não poderia ser explicada dessa forma – ela era filha de uma família sólida, abastada e erudita de banqueiros.

Rosy tinha claramente de partir ou ser posta em seu lugar. A primeira opção era obviamente preferível, porque, dado seu temperamento beligerante, seria bem difícil para Maurice manter uma posição dominante que lhe permitisse pensar no DNA sem obstáculos. Não que às vezes suas reclamações não tivessem alguma razão – o King's tinha duas salas comuns, uma para homens e outra para mulheres, certamente uma coisa do passado. Mas ele não era responsável por isso, e não era agradável carregar a cruz pelo incômodo adicional representado pela sala das mulheres, que seguia sendo uma prisão miserável, ao passo que certa quantia havia sido investida para que ele e seus amigos tivessem uma vida agradável durante o café matinal.

Infelizmente, Maurice não conseguia ver nenhuma maneira decente de demitir Rosy. Para começar, fizeram-na pensar que tinha um cargo que duraria anos. Também, não havia como negar que ela tinha um bom cérebro. Se pudesse apenas manter suas emoções sob controle, teria uma boa chance de ajudá-lo. Mas só desejar que os relacionamentos melhorassem era como fazer uma aposta, e o fabuloso químico da Caltech Linus Pauling não estava sujeito às regras do jogo limpo praticado na Grã-Bretanha. Cedo ou tarde, Linus, que tinha acabado de completar cinquenta anos, estava destinado a tentar conquistar o mais importante de todos os prêmios científicos. Não havia dúvida de que estava interessado mesmo. Nossos princípios iniciais diziam que Pauling não poderia ser o maior entre todos os químicos se não percebesse que o DNA era a mais valiosa das moléculas. Além do mais, havia provas definitivas. Maurice havia recebido uma carta de Linus na qual ele pedia uma cópia das fotografias radiográficas do DNA cristalino. Após alguma hesitação, ele respondeu que queria analisar os dados mais de perto antes de liberar as imagens.

Tudo isso era muito perturbador para Maurice. Ele não havia fugido para a biologia para achá-la tão repugnante quanto a física, com suas consequências atômicas. Ter Linus e Francis fungando no seu cangote lhe tirava o sono. Mas pelo menos

Pauling estava a 5 mil quilômetros de distância, e o próprio Francis estava a duas horas de trem. O verdadeiro problema era Rosy. A ideia de que o melhor lar para uma feminista seria o laboratório de outra pessoa não podia ser evitada.

3

Wilkins foi o primeiro a me entusiasmar com o trabalho de raios X acerca do DNA. Isso ocorreu em Nápoles, quando se organizou um pequeno encontro científico sobre as estruturas das grandes moléculas encontradas em células vivas. Era a primavera de 1951, antes de eu saber da existência de Francis Crick. Eu já estava muito envolvido com o DNA; estava na Europa num programa de pós-doutorado para aprender bioquímica do DNA. Meu interesse pelo DNA cresceu a partir de um desejo, surgido inicialmente quando cursava o último ano da faculdade, de aprender o que era um gene. Mais tarde, no curso de pós-graduação, na Universidade de Indiana, minha esperança era que o gene pudesse ser elucidado sem que eu aprendesse nada de química. Esse desejo nasceu em parte da preguiça, porque, como aluno de graduação da Universidade de Chicago, estava interessado principalmente em pássaros, e conseguia evitar qualquer curso de física ou química que parecesse de dificuldade mediana. Em pouco tempo, os bioquímicos de Indiana me encorajaram a aprender química orgânica, mas, depois que usei um bico de Bunsen para esquentar benzeno, fui liberado de prosseguir trabalhando com a química de verdade. Era mais seguro eu me tornar um PhD inculto do que correr o risco de outra explosão.

Dessa forma, não me deparei com a possibilidade de absorver a química até ir a Copenhague para minha pesquisa de pós-doutorado com o bioquímico Herman Kalckar. Viajar para o exterior pareceu inicialmente a solução perfeita para a ausência completa de fatos químicos na minha cabeça, uma condição incentivada pelo meu orientador no PhD, o microbiologista formado na Itália Salvador Luria. Ele decididamente detestava a maioria dos químicos, em especial a variedade competitiva saída da selva de Nova York. Kalckar, entretanto, era obviamente refinado, e Luria esperava que, em sua companhia civilizada e continental, eu aprendesse as ferramentas necessárias para conduzir pesquisas em química sem ter de reagir contra os químicos orgânicos focados no lucro.

Na época, os experimentos de Luria eram extensamente ligados à multiplicação de vírus bacterianos (bacteriófagos, ou fagos, em versão curta). Durante alguns anos, houve a suspeita entre os geneticistas mais inspirados de que os vírus fossem uma forma de genes nus. Se fossem mesmo, o melhor modo de descobrir o que era um gene e como ele se duplicava era estudar as propriedades dos vírus. Dessa forma, como os vírus mais simples eram os fagos, surgiu, entre 1940 e 1950, um número crescente de cientistas (o grupo fago) que estudavam os fagos com a esperança de que, em algum momento, aprenderiam como os genes controlavam a hereditariedade celular. Na liderança desse grupo estavam Luria e seu amigo alemão, o físico teórico Max Delbrück, na época professor da Caltech. Enquanto Delbrück esperava que truques puramente genéticos pudessem solucionar o problema, Luria se perguntava com frequência se a verdadeira resposta não apareceria somente depois que a estrutura química de um vírus (gene) fosse desvendada. No fundo ele sabia que é impossível descrever o comportamento de alguma coisa quando não se sabe o que ela é. Desse modo, sabendo que nunca poderia se forçar a aprender química, Luria sentiu que a atitude mais inteligente era enviar a mim, seu primeiro aluno sério, para um químico.

Ele não teve dificuldade para decidir entre um químico de proteínas e um químico de ácidos nucleicos. Embora apenas metade da massa de um vírus bacteriano seja composta por DNA (a outra metade é proteína), o experimento de Avery fez com que ele parecesse ser o material genético essencial. Assim, desvendar a estrutura química do DNA poderia ser o passo primordial para aprender como os genes se duplicavam. Entretanto, em contraste com as proteínas, os fatos químicos sólidos conhecidos sobre o DNA eram incompletos. Somente poucos químicos trabalhavam com isso, e, exceto pelo fato de que ácidos nucleicos eram moléculas muito grandes construídas por unidades menores, os nucleotídeos, não havia quase nada químico que um geneticista pudesse apreender. Além do mais, os químicos que trabalhavam com DNA eram, na maioria, químicos orgânicos sem interesse em genética. Kalckar era uma brilhante exceção. No verão de 1945, ele estivera no laboratório em Cold Spring Harbor, em Nova York, para fazer o curso de Delbrück sobre vírus bacterianos. Assim, tanto Luria quanto Delbrück esperavam que o laboratório de Copenhague fosse o local em que as técnicas combinadas da química e da genética pudessem eventualmente produzir dividendos biológicos reais.

O plano deles, entretanto, foi um fracasso completo. Herman me estimulou pouquíssimo. Em seu laboratório, eu me descobri tão indiferente à química do ácido nucleico quanto nos Estados Unidos. Isso ocorreu em parte porque não entendia como o tipo de problema com o qual ele trabalhava (o metabolismo dos nucleotídeos) poderia levar a alguma coisa de interesse imediato para a genética. Havia também o fato de que, apesar de Herman ser obviamente civilizado, era impossível entendê-lo.

Eu era capaz, entretanto, de acompanhar o inglês de Ole Maaløe, amigo próximo de Herman. Ole tinha acabado de voltar dos Estados Unidos (Caltech), onde havia ficado muito empolgado com os mesmos fagos com os quais eu tinha trabalhado na graduação. Ao retornar, ele abandonou sua pesquisa anterior e se dedicou totalmente aos fagos. Na época, era o único dinamarquês a trabalhar com fagos, e ficou muito satisfeito que eu e Gunther Stent, um pesquisador de fagos do laboratório de Delbrück, tivéssemos vindo para pesquisar com Herman. Logo Gunther e eu nos vimos visitando regularmente o laboratório de Ole, localizado a muitos quilômetros do de Herman, e, em algumas semanas, nós dois estávamos fazendo experimentos com ele.

De início, senti um certo desconforto em fazer o trabalho convencional com fagos com Ole, porque minha bolsa de estudos fora concedida para que aprendesse bioquímica com Herman; em um sentido estritamente literal, eu estava violando seus termos. Além do mais, menos de três meses após minha chegada em Copenhague, fui solicitado a propor um planejamento para o ano seguinte. Isso não era tarefa simples, porque eu não tinha nada planejado. A única atitude segura era pedir financiamento para passar outro ano com Herman. Teria sido arriscado dizer que não podia me forçar a gostar de bioquímica. Além disso, eu não via razão para que eles não permitissem uma mudança de planos depois que a renovação estivesse garantida. Assim, escrevi para Washington dizendo que queria continuar no ambiente estimulante de Copenhague. Como esperado, minha bolsa foi renovada. Fazia sentido permitir que Kalckar (a quem muitos dos coordenadores da bolsa de estudos conheciam pessoalmente) treinasse outro bioquímico.

Havia também a questão dos sentimentos de Herman. Talvez ele se incomodasse com o fato de eu estar por ali apenas raramente. Na verdade, ele parecia muito vago sobre a maioria das coisas e poderia, de fato, não ter notado ainda. Felizmente, entretanto, esses temores nunca tiveram tempo de se desenvolver seriamente. Por meio de um evento completamente imprevisto, minha consciência moral se tornou clara. Um dia, no começo de dezembro, pedalei até o laboratório de Herman esperando outra conversa encantadora, ainda que totalmente incompreensível. Dessa vez, entretanto, descobri que Herman podia ser compreendido. Ele tinha algo importante a dizer: seu casamento havia acabado, e ele esperava obter o divórcio. Logo, o fato não era mais segredo – todo mundo no laboratório foi informado. Em poucos dias, ficou evidente que a cabeça de Herman não iria se concentrar em ciência por algum tempo, talvez o tempo em que eu permaneceria em Copenhague. Então, ele não precisar me ensinar a bioquímica do ácido nucleico era obviamente uma grata surpresa. Eu poderia pedalar todos os dias até o laboratório de Ole, sabendo que estava claro que era melhor enganar os coordenadores da bolsa sobre meu local de trabalho do que forçar Herman a falar sobre bioquímica.

Além do mais, às vezes, eu ficava muito satisfeito com meus experimentos com vírus bacterianos. Em três meses, Ole e eu terminamos uma série de experiências sobre o destino de uma partícula bacteriano-viral quando ela se multiplica dentro de uma bactéria para formar várias centenas de novas partículas de vírus. Havia dados suficientes para uma publicação respeitável e, guiando-me por padrões básicos, eu sabia que poderia interromper o trabalho pelo resto do ano sem que me julgassem improdutivo. Por outro lado, era igualmente óbvio que não havia feito nada que nos dissesse o que era um gene ou como ele se reproduzia. E, a não ser que me tornasse um químico, eu não podia ver como conseguiria.

Dessa maneira, acatei a sugestão de Herman para ir naquela primavera à Estação Zoológica de Nápoles, onde ele havia decidido passar os meses de abril e maio. Uma viagem para Nápoles fazia enorme sentido. Não havia por que ficar à toa em Copenhague, onde não existe primavera. Por outro lado, o sol de Nápoles poderia contribuir para o aprendizado de alguma coisa sobre a bioquímica do desenvolvimento embrionário de animais marinhos. Também poderia ser um lugar para se ler sobre genética com tranquilidade. E, quando cansasse, seria concebível que eu pegasse um texto de bioquímica. Sem nenhuma hesitação, escrevi para os Estados Unidos pedindo permissão para acompanhar Herman a Nápoles. Uma carta bem-humorada, positiva, desejando boa viagem, chegou de Washington pelo correio. Além disso, continha um cheque de duzentos dólares para as despesas de viagem. Isso fez com que eu me sentisse ligeiramente desonesto ao partir em busca do sol.

4

MAURICE WILKINS TAMBÉM não tinha vindo a Nápoles para pesquisar a sério. A viagem de Londres fora um presente inesperado de seu chefe, o professor J.T. Randall. O programa original previa que Randall fosse ao encontro sobre macromoléculas e fizesse uma apresentação sobre o trabalho em curso em seu novo laboratório de biofísica. Mas, por estar muito ocupado, ele decidira enviar Maurice em seu lugar. Se ninguém fosse, pegaria mal para seu laboratório no King's College. Muito da escassa verba do Tesouro teve de ser empenhada para colocar de pé sua apresentação de biofísica, e havia a suspeita de que ela seria um desperdício de dinheiro.

Não se esperava que ninguém preparasse uma apresentação elaborada para encontros italianos como aquele. Essas conferências reuniam de modo rotineiro um pequeno número de convidados que não entendiam italiano e um grande número de italianos, dos quais quase ninguém entendia o inglês falado rapidamente que era a língua comum entre os visitantes. O ponto alto de cada encontro era a excursão de um dia inteiro para algum teatro ou igreja. Dessa forma, era raro existir oportunidade para algo mais que observações banais.

Quando Maurice chegou, eu estava visivelmente inquieto e impaciente para voltar para o norte. Herman me enganara totalmente. Passei as primeiras seis semanas em Nápoles resfriado. A temperatura oficial é muito menos relevante do que a ausência de aquecimento central. Nem a Estação Zoológica nem meu quarto decadente na cobertura de um prédio de seis andares do século XIX tinham calefação. Se tivesse ao menos um ligeiro interesse em animais marinhos, poderia ter feito experiências. Andar para cima e para baixo fazendo experimentos aquece bem mais do que ficar sentado na biblioteca com os pés sobre a mesa. Às vezes, eu ficava por perto, nervoso, enquanto Herman agia como um bioquímico, e, em muitos dias, até entendia o que ele falava. Não fazia diferença, entretanto, se eu acompanhasse ou não a discussão. Os genes nunca estavam no centro, ou mesmo na periferia, de seus pensamentos.

Gastei a maior parte do tempo andando pelas ruas ou lendo artigos de periódicos sobre os primórdios da genética. Às vezes, sonhava acordado com a descoberta do segredo do gene, mas não tive nenhum lampejo de uma ideia respeitável. Assim, era difícil evitar o pensamento inquietante de que eu não estava conquistando nada. Saber que não tinha ido a Nápoles para trabalhar não fazia com que eu me sentisse melhor.

Eu guardava uma leve esperança de que poderia tirar vantagem do encontro sobre as estruturas das macromoléculas biológicas. Apesar de não saber nada sobre as técnicas de difração de raios X que dominavam a análise estrutural, eu estava otimista, pois achava que os debates seriam mais compreensíveis do que os artigos de periódicos, que passavam batido pela minha cabeça. Estava especialmente interessado em ouvir a apresentação de Randall sobre ácidos nucleicos. Naquela época, quase nada havia sido publicado sobre as possíveis configurações tridimensionais de uma molécula de ácido nucleico. Era compreensível que esse fato afetasse minha busca descompromissada da química. Por que eu deveria ficar empolgado aprendendo fatos químicos maçantes se os químicos nunca haviam fornecido nada incisivo sobre os ácidos nucleicos?

As probabilidades, entretanto, eram contra qualquer revelação verdadeira. Muito da conversa sobre a estrutura tridimensional das proteínas e ácidos nucleicos era vazia. Apesar de esse trabalho estar em curso há mais de quinze anos, a maioria, se não todos os fatos, era frágil. Ideias propostas com convicção eram provavelmente produtos de cristalógrafos selvagens, que se regozijavam por estar em um campo no qual suas ideias não poderiam ser facilmente refutadas. Além disso, apesar de praticamente todos os bioquímicos, incluindo Herman, serem incapazes de entender os argumentos do pessoal dos raios X, havia pouco embate. Não fazia sentido aprender métodos matemáticos complicados para acompanhar bobagens. Como resultado, nenhum de meus professores jamais considerou a possibilidade de eu fazer pesquisa de pós-doutorado com um cristalógrafo de raios X.

Maurice, entretanto, não me desapontou. O fato de ser o substituto de Randall não fez diferença: eu não conhecia nenhum dos dois. Sua conversa estava longe de ser estúpida e se distinguia nitidamente das demais, muitas das quais não tinham nenhuma conexão com o tema do encontro. Felizmente, estas eram em italiano, e, portanto, o tédio óbvio dos convidados estrangeiros não precisava ser interpretado como descortesia. Muitos outros palestrantes eram biólogos da Europa continental, convidados da Estação Zoológica, que faziam apenas uma referência indireta e sucinta à estrutura macromolecular. Em contraste, a imagem de difração de raios X do DNA de Maurice era precisa. Ela apareceu na tela quando sua apresentação estava quase no fim. O estilo britânico seco de Maurice não gerava entusiasmo quando ele declarava que aquela imagem mostrava muito mais detalhes do que as anteriores e que poderia, de fato, ser considerada como originária de uma substância cristalina. E, quando a estrutura do DNA fosse conhecida, estaríamos em uma posição melhor para entender como os genes atuam.

Repentinamente, fiquei empolgado com a química. Antes da apresentação de Maurice, eu me preocupava com a possibilidade de que os genes pudessem ser extraordinariamente irregulares. Agora, entretanto, sabia que os genes podiam se cristalizar; por isso eles deviam ter uma estrutura regular que poderia ser solucionada diretamente. Comecei a questionar de imediato se poderia me juntar a Wilkins para trabalhar com o DNA. Depois da apresentação, tentei procurá-lo. Talvez ele soubesse mais do que sua palestra tinha indicado – se um cientista não tem certeza absoluta de estar certo, ele hesita com frequência em falar em público. Mas não tive oportunidade de falar com ele; Maurice desaparecera.

Somente no dia seguinte, quando todos os participantes fizeram uma excursão para os templos gregos de Paestum, tive a oportunidade de me apresentar. Enquanto esperava o ônibus, puxei conversa e expliquei como estava interessado no DNA. Mas, antes que pudesse sondar Maurice, tivemos que embarcar, e me juntei à minha irmã, Elizabeth, que havia acabado de chegar dos Estados Unidos. Nos templos, todos se espalharam e, antes que pudesse encurralar Maurice novamente, percebi que talvez tivesse tido um tremendo golpe de sorte. Maurice notara que minha irmã era muito bonita, e logo os dois estavam almoçando juntos. Fiquei bastante satisfeito. Durante anos, havia assistido calado enquanto Elizabeth era perseguida por uma série de idiotas. De repente, abria-se a possibilidade de que seu modo de vida pudesse mudar. Eu não teria mais que encarar a certeza de que ela acabaria com um deficiente mental. Além do mais, se Maurice tinha realmente gostado da minha irmã, era inevitável que eu acabasse intimamente envolvido com seu trabalho com raios X de DNA. O fato de Maurice se desculpar por partir e se sentar sozinho não me aborreceu. Ele obviamente tinha boas maneiras e presumiu que eu queria conversar com Elizabeth.

Assim que alcançamos Nápoles, entretanto, meus delírios de glória por associação terminaram. Maurice entrou no seu hotel com apenas um aceno de cabeça descontraído. Nem a beleza de minha irmã nem meu interesse na estrutura do DNA o laçaram. Nossos futuros não pareciam estar em Londres. Assim, parti para Copenhague e para a perspectiva de evitar mais bioquímica.

5

Esqueci Maurice, mas não sua fotografia do DNA. Era impossível tirar da minha cabeça uma chave potencial para o segredo da vida. O fato de que era incapaz de interpretá-la não me aborrecia. Era certamente melhor me imaginar ficando famoso do que envelhecendo como um acadêmico reprimido que nunca arriscara uma ideia. Eu também era encorajado pelo empolgante rumor de que Linus Pauling tinha determinado parcialmente a estrutura das proteínas. Soube dessa notícia quando estava em Genebra, onde tinha parado por alguns dias para falar com o pesquisador suíço de fagos Jean Weigle, que acabara de voltar de um inverno trabalhando na Caltech. Antes de voltar, Jean tinha ido à palestra na qual Linus havia anunciado a descoberta.

A palestra de Pauling transcorreu com seu habitual talento dramático. As palavras saíam como se ele tivesse passado a vida inteira no show business. Uma cortina escondeu seu modelo até praticamente o fim da palestra, quando ele orgulhosamente desvelou sua última criação. Nesse momento, com os olhos brilhando, Linus explicou as características específicas que fizeram seu modelo – a α-hélice – ter uma beleza sem paralelo. Essa apresentação, como todas as suas performances ofuscantes, deliciaram os estudantes mais jovens da plateia. Não havia ninguém como Linus em todo o mundo. A combinação de mente prodigiosa e sorriso fácil era insuperável. Muitos professores visitantes, entretanto, assistiram à performance com sentimentos ambíguos. Ver Linus pulando para cima e para baixo na mesa de demonstração e agitando os braços como se fosse um mágico prestes a tirar um coelho da cartola fez com que eles se sentissem deslocados. Se ele tivesse ao menos demonstrado alguma humildade seria bem mais fácil suportá-lo! Mesmo se dissesse algo sem sentido, os alunos hipnotizados jamais o saberiam por causa de sua infinita autoconfiança. Vários colegas seus esperavam em silêncio o dia em que ele daria com a cara no chão por arruinar algo importante.

Mas, na época, Jean não podia me dizer se a α-hélice de Linus estava correta. Ele não era um cristalógrafo de raios X e não podia avaliar o modelo profissionalmente. Mas muitos de seus amigos mais jovens, diplomados em química estrutural, achavam que a α-hélice era muito bonita. A melhor hipótese dos conhecidos de Jean, entretanto, era a de que Linus estava certo. Nesse caso, ele teria conseguido mais uma vez um feito de importância extraordinária. Seria a primeira pessoa a propor algo solidamente correto sobre a estrutura de uma macromolécula biologicamente importante. Ao fazer isso, ele poderia sugerir um novo método sensacional a ser estendido aos ácidos nucleicos. Jean, no entanto, não se lembrava de nenhum truque especial. O máximo que conseguiu dizer foi que uma descrição da α-hélice seria publicada em breve.

Quando eu já estava de volta a Copenhague, o periódico com o artigo de Linus chegou dos Estados Unidos. Eu o li rapidamente e o reli em seguida. A maior parte da linguagem usada estava além do meu entendimento, e, dessa forma, só pude absorver uma impressão geral de seu raciocínio. Não tinha condição de julgar se fazia sentido. A única coisa de que eu tinha certeza era que havia sido escrito com estilo. Alguns dias depois, a edição seguinte do periódico chegou, dessa vez contendo mais sete artigos de Pauling. De novo, a linguagem era deslumbrante e cheia de artifícios retóricos. Um artigo começava com a sentença "Colágeno é uma proteína muito interessante". Ele me inspirou a compor as linhas iniciais do artigo que escreveria sobre o DNA se eu elucidasse sua estrutura. Uma frase como "Genes são interessantes para geneticistas" iria diferenciar meu modo de pensar do modo de Pauling.

Assim, comecei a me preocupar sobre onde poderia aprender a decifrar imagens de difração de raios X. A Caltech não era o lugar – Linus era um nome importante demais para passar tempo ensinando um biólogo ruim em matemática. Tampouco eu queria ser descartado mais adiante por Wilkins. Sobrou Cambridge, na Inglaterra, onde eu sabia que alguém chamado Max Perutz estava interessado na estrutura das grandes moléculas biológicas, em particular a proteína hemoglobina. Então, escrevi para Luria sobre minha paixão recém-descoberta, perguntando se ele sabia como conseguir minha aceitação no laboratório de Cambridge. Inesperadamente, isso não foi um problema. Logo após receber minha carta, Luria foi a um pequeno congresso em Ann Arbor, onde se encontrou com um colaborador de Perutz, John Kendrew, na época em uma viagem prolongada pelos Estados Unidos. Por sorte, Kendrew deixou uma impressão favorável em Luria: como Kalckar, era civilizado e, além disso, apoiava o Partido Trabalhista. Além do mais, o laboratório de Cambridge estava com a equipe reduzida e Kendrew procurava alguém para se juntar a ele no estudo sobre a proteína mioglobina. Luria lhe assegurou que eu daria conta e escreveu imediatamente para me dar as boas-novas.

Estávamos no início de agosto, apenas um mês antes de a minha bolsa de estudos original expirar. Isso significava que não podia esperar para escrever para Washington sobre minha mudança de planos. Decidi aguardar até ser admitido oficialmente no laboratório de Cambridge. Havia sempre a possibilidade de que algo desse errado. Parecia prudente adiar a carta embaraçosa até que pudesse falar pessoalmente com Perutz. Eu poderia afirmar com muito mais detalhes o que esperava realizar na Inglaterra. Entretanto, não parti imediatamente. Mais uma vez, estava de volta ao laboratório, e os experimentos que fazia eram divertidos, como se fossem de segunda classe. Ainda mais importante, eu não queria estar fora durante a anunciada Conferência Internacional de Poliomielite, que levaria muitos pesquisadores de fagos a Copenhague. Max Delbrück estava no grupo esperado e, por ser professor da Caltech, ele deveria ter mais notícias sobre o último truque de Pauling.

Delbrück, entretanto, não me esclareceu nada mais. A α-hélice, mesmo que correta, não proporcionara nenhum esclarecimento biológico; ele parecia entediado ao falar dela. Nem minha informação de que havia uma bonita imagem radiográfica do DNA trouxe à tona uma resposta verdadeira. Mas não tive oportunidade de ficar deprimido pela aspereza característica de Delbrück, pois o congresso de poliomielite foi um sucesso sem paralelo. No momento em que centenas de representantes chegaram, uma profusão de champanhe grátis, abastecida em parte por dólares americanos, estava disponível para afrouxar barreiras internacionais. A cada noite, e por uma semana, houve recepções, jantares e passeios à meia-noite para bares à beira-mar. Era minha primeira experiência na alta sociedade, associada em minha cabeça à decadente aristocracia europeia. Uma verdade importante entrou aos poucos na minha mente: a vida de um cientista pode ser interessante tanto social quanto intelectualmente. Parti para a Inglaterra com excelente disposição.

6

Max Perutz estava em seu escritório quando apareci logo depois do almoço. John Kendrew continuava nos Estados Unidos, mas minha chegada não era inesperada. Uma breve carta de John dizia que um biólogo americano iria trabalhar com ele no ano seguinte. Expliquei que era ignorante no assunto da difração dos raios X, mas Max logo me deixou à vontade. Garantiu que nenhuma matemática altamente poderosa seria necessária: ele e John haviam estudado química na graduação. Tudo o que eu precisava era ler um texto cristalográfico; isso me permitiria entender teoria suficiente para começar a tirar fotografias de raios X. Como exemplo, Max me contou sobre sua ideia simples para testar a α-hélice de Pauling. Foi preciso apenas um dia para obter a fotografia crucial que confirmava a previsão de Pauling. Não acompanhei Max. Eu ignorava até a Lei de Bragg, a mais básica de todas as ideias cristalográficas.

Fomos então dar uma volta para examinar os trabalhos possíveis para o ano seguinte. Quando Max percebeu que eu tinha ido direto da estação para o laboratório e ainda não havia ido a nenhuma das faculdades, ele mudou o trajeto para me mostrar o King's, ao longo do Backs e direto para o Great Court do Trinity.* Eu nunca tinha visto edifícios tão bonitos em toda a mi-

* The Backs é a área entre o rio Cambridge e algumas faculdades da cidade. Grandioso, ao ar livre e comum a vários prédios, o Great Court é o principal pátio interno do Trinity College. (N.T.)

nha vida, e qualquer hesitação que pudesse ter quanto a deixar minha vida segura de biólogo havia desaparecido. Desse modo, eu estava apenas nominalmente deprimido quando espiei o interior de várias casas úmidas conhecidas por abrigar dormitórios estudantis. Pelos romances de Dickens, sabia que não iria sofrer um destino que os ingleses negaram a si próprios. De fato, tive muita sorte ao encontrar um quarto em uma casa de dois pavimentos em Jesus Green, uma ótima localização a menos de dez minutos de caminhada do laboratório.

Na manhã seguinte voltei para o Cavendish, porque Max queria que eu conhecesse sir Lawrence Bragg. Quando Max telefonou para avisar que eu estava lá, sir Lawrence desceu de seu escritório, me deixou dizer algumas palavras e se retirou para uma conversa particular com Max. Poucos minutos depois eles apareceram para que Bragg me desse autorização para trabalhar sob sua direção. A performance fora inflexivelmente britânica, e concluí calado que a figura de bigodes brancos de Bragg passava a maioria dos dias sentada em clubes londrinos, como o Athenaeum.

Nunca me ocorreu que, mais tarde, eu teria contato com essa figura curiosa saída do passado. Apesar de sua reputação incontestável, Bragg havia elaborado sua lei pouco antes da Primeira Guerra Mundial, portanto presumi que deveria estar aposentado e nunca se importaria com genes. Agradeci educadamente a ele por ter me aceitado e disse a Max que estaria de volta em três semanas para o início do semestre. Voltei para Copenhague para pegar minhas poucas roupas e para contar a Herman sobre a sorte de poder me tornar um cristalógrafo.

Herman foi esplendidamente solidário. Uma carta contando ao Departamento de Bolsistas em Washington que ele endossava entusiasticamente minha mudança de planos foi despachada. Ao mesmo tempo, escrevi uma carta para Washington anunciando a novidade de que meus experimentos presentes sobre a bioquímica da reprodução dos vírus eram, na melhor das hipóteses, interessantes de um modo não profundo. Queria desistir da bioquímica convencional, que eu acreditava ser incapaz de nos dizer como os genes funcionam. Em vez disso eu lhes disse que sabia agora que a cristalografia de raios X era a chave para a genética. Pedi a aprovação dos meus planos de transferência para Cambridge para que pudesse trabalhar no laboratório de Perutz e aprender a fazer pesquisas cristalográficas.

Eu não via razão para permanecer em Copenhague até que a permissão chegasse. Teria sido absurdo ficar lá desperdiçando meu tempo. Na semana anterior, Maaløe havia partido para um ano na Caltech, e meu interesse no tipo de bioquímica de Herman continuava sendo nenhum. Deixar Copenhague era, claro, ilegal no sentido formal. Por outro lado, meu pedido não podia ser recusado. Todo mundo sabia do estado perturbado de Herman, e o escritório de Washington deveria estar se perguntando por quanto tempo eu desejaria continuar em Copenhague. Escrever diretamente sobre a ausência de Herman do laboratório teria sido não somente grosseiro, mas também desnecessário.

Naturalmente, eu não estava nem um pouco preparado para receber uma carta que negasse a permissão. Dez dias após o meu retorno a Cambridge, Herman encaminhou a notícia deprimente, que havia sido enviada para meu endereço em Copenhague. O Departamento de Bolsistas não aprovaria minha transferência para um laboratório que eu estava totalmente despreparado para aproveitar. Disseram-me para reconsiderar meus planos, já que não era qualificado para fazer trabalho cristalográfico. O Departamento de Bolsistas poderia, no entanto, ver de modo favorável uma proposta para me transferir para o laboratório de fisiologia celular de Caspersson, em Estocolmo.

A fonte do problema estava por demais aparente. O chefe do Departamento de Bolsistas não era mais Hans Clarke, um amável bioquímico amigo de Herman, na época prestes a se aposentar de Columbia. Minha carta tinha ido, em vez disso, para um novo presidente, mais interessado em orientar pessoas jovens. Ele se irritou porque eu me excedera ao negar que pudesse tirar proveito da bioquímica. Escrevi a Luria para que me salvasse. Ele e o novo presidente se conheciam, assim, quando minha decisão fosse vista na perspectiva apropriada, ele poderia mudar de opinião.

A princípio, havia sinais de que a intervenção de Luria poderia trazer a razão de volta. Fiquei animado quando uma carta sua chegou dizendo que a situação poderia ser suavizada se demonstrássemos humildade. Eu estava para escrever para Washington que um dos maiores incentivos para minha vontade de estar em Cambridge era a presença de Roy Markham, um bioquímico inglês que trabalhara com vírus de plantas. Markham recebeu a notícia de um modo inteiramente casual quando entrei em seu escritório e lhe disse que ele poderia conseguir um estudante modelo que nunca o incomodaria, atravancando seu laboratório com aparatos experimentais. Ele considerou o plano um exemplo perfeito da incapacidade dos americanos de saberem como se comportar. Entretanto, prometeu levar adiante essa ideia sem sentido.

Protegido pela certeza de que Markham não me denunciaria, escrevi humildemente uma longa carta para Washington, explicando como poderia me beneficiar da presença articulada de Perutz e Markham. No fim da carta, achei honesto anunciar oficialmente que estava em Cambridge e lá permaneceria até que uma decisão fosse tomada. O novo homem em Washington, entretanto, resistia a acatar meu pedido. Um indício surgiu quando a carta de resposta foi endereçada ao laboratório de Herman. O Departamento de Bolsistas estava considerando meu caso. Eu seria informado quando uma decisão fosse tomada. Assim, não parecia prudente descontar meus cheques, que ainda eram enviados para Copenhague no início de cada mês.

Felizmente, a possibilidade de não ser pago no ano seguinte para trabalhar com o DNA era apenas incômoda, e não fatal. Os 3 mil dólares da bolsa de estudos que eu havia recebido por estar em Copenhague era três vezes o necessário para viver como um estudante dinamarquês afortunado. Mesmo se tivesse de cobrir a compra recente de minha irmã de dois trajes elegantes de Paris, eu teria mil dólares de sobra, o suficiente para um ano de estadia em Cambridge. A proprietária do quarto também era prestativa. Ela me colocou para fora em menos de um mês. Meu maior crime fora não tirar os sapatos ao entrar em casa após as nove horas, horário em que seu marido ia dormir. Às vezes, também esquecia a proibição de não dar descarga no vaso sanitário em horário semelhante e, ainda pior, saía após as dez horas. Nada estava aberto em Cambridge nesse horário, portanto meus motivos eram suspeitos. John e Elizabeth Kendrew me salvaram ao oferecerem, praticamente sem cobrar aluguel, um quarto minúsculo em sua casa na Tennis Court Road. Era inacreditavelmente úmido e a calefação era apenas um aquecedor elétrico velho. Ainda assim, aceitei a oferta com avidez. Apesar de parecer um convite aberto para a tuberculose, morar com amigos era infinitamente preferível a qualquer outra coisa que eu desenterrasse àquela altura. Assim, sem nenhuma relutância, decidi ficar na Tennis Court Road até que minha situação financeira melhorasse.

7

Desde meu primeiro dia no laboratório, eu sabia que não deixaria Cambridge por um longo período. Partir seria estupidez, porque eu descobrira de imediato como era divertido conversar com Francis Crick. Encontrar alguém no laboratório de Max que soubesse que o DNA era mais importante do que as proteínas era uma verdadeira sorte. Além do mais, era um grande alívio não ter de passar todo o tempo aprendendo análise radiográfica de proteínas. Nossas conversas na hora do almoço logo se concentraram em como os genes se aglomeravam. Poucos dias após minha chegada, sabíamos o que fazer: imitar Linus Pauling e superá-lo em seu próprio jogo.

O sucesso de Pauling com a cadeia polipeptídica sugeriu naturalmente a Francis que o mesmo artifício poderia funcionar com o DNA. Mas, ainda que ninguém por perto pensasse que o DNA estava no coração de tudo, as potenciais dificuldades pessoais com o laboratório do King's o refrearam de se envolver com o tema. Além disso, apesar de a hemoglobina não ser o centro do universo, os dois anos anteriores de Francis no Cavendish certamente não foram monótonos. Problemas com proteínas continuaram a aparecer em quantidade mais do que suficiente e exigiam alguém com uma inclinação para a teoria. Mas agora, comigo no laboratório querendo sempre falar sobre genes, Francis deixou de manter seus pensamentos sobre o DNA num recôndito escondido do cérebro. Ainda assim, ele não tinha intenção de abandonar o interesse por outros problemas do laboratório. Ninguém se importaria se, ao passar apenas algumas horas por semana pensando no DNA, ele me ajudasse a solucionar um problema de enorme importância.

Como consequência, John Kendrew logo percebeu que era improvável que eu o ajudasse a determinar a estrutura da mioglobina. Como era incapaz de cultivar grandes cristais de mioglobina equina, ele esperava que eu tivesse o dedo mais verde que o seu. Entretanto, nenhum esforço era necessário para ver que minhas experiências de laboratório eram menos habilidosas do que as de um químico suíço. Cerca de quinze dias após a minha chegada a Cambridge, fomos até o matadouro local para pegar um coração de cavalo para uma nova preparação de mioglobina. Se tivéssemos sorte, os danos às moléculas de mioglobina que impedem a cristalização seriam evitados com o congelamento imediato do coração do velho cavalo de corrida. Mas minhas tentativas subsequentes com a cristalização não foram mais bem-sucedidas do que as de John. De certa forma, eu estava quase aliviado. Se elas tivessem funcionado, John poderia ter me colocado para tirar fotografias de raios X.

Assim, nenhum obstáculo me impedia de passar muitas horas por dia conversando com Francis. Pensar o tempo todo era demais até mesmo para ele e, muitas vezes, quando se via frustrado com suas equações, costumava recorrer aos meus conhecimentos sobre fagos. Em outros momentos, Francis procurava preencher meu cérebro com fatos cristalográficos, disponíveis normalmente apenas por meio da leitura dolorosa de periódicos profissionais. Os raciocínios precisos necessários para entender como Linus Pauling havia descoberto a α-hélice foram particularmente importantes.

Logo me mostraram que a conquista de Pauling era um produto do senso comum, não o resultado de um raciocínio matemático complicado. Equações se misturavam ocasionalmente ao seu argumento, mas, na maioria dos casos, palavras teriam sido suficientes. A chave para o sucesso de Linus era sua confiança nas leis simples da química estrutural. A α-hélice não havia sido descoberta apenas pela contemplação de imagens de raios X; o pulo do gato, em vez disso, fora perguntar que átomos gostavam de ficar próximos uns dos outros. No lugar de papel e lápis, as principais ferramentas de trabalho eram um conjunto de modelos moleculares que se assemelhavam superficialmente a brinquedos de crianças em idade pré-escolar.

Desse modo, não víamos nenhuma razão para que não pudéssemos elucidar o DNA da mesma forma. Tudo o que tínhamos de fazer era construir um conjunto de modelos moleculares e começar a brincar – com sorte, a estrutura seria uma hélice. Qualquer outro tipo de configuração seria muito mais complexa; e preocupar-se com complicações antes de excluir a possibilidade de que a resposta fosse simples seria tolice. Pauling nunca chegou a lugar algum perseguindo confusões.

Desde nossas primeiras conversas, presumimos que a molécula de DNA continha um número muito grande de nucleotídeos ligados linearmente de modo regular. Mais uma vez, nosso raciocínio se baseava, em parte, na simplicidade. Apesar de os químicos orgânicos do laboratório vizinho, de Alexander Todd, acreditarem que era essa a organização básica, eles ainda estavam longe de estabelecer quimicamente que todas as ligações entre os nucleotídeos eram idênticas. Se não fosse o caso, no entanto, não víamos como as moléculas de DNA se compactavam para formar os agregados cristalinos estudados por Maurice Wilkins e Rosalind Franklin. Dessa forma, a não ser que encontrássemos um bloqueio completo ao nosso progresso futuro, o melhor caminho era considerar o esqueleto açúcar-fosfato como algo extremamente regular e procurar uma configuração helicoidal tridimensional na qual todos os grupos do esqueleto tivessem ambientes químicos idênticos.

Vimos de imediato que a solução para o DNA poderia ser mais complicada do que a da α-hélice. Na α-hélice, uma única cadeia de polipeptídeo (um grupo de aminoácidos) se torce em um arranjo helicoidal unido por ligações de hidrogênio entre grupos da mesma cadeia. Maurice havia dito a Francis, entretanto, que o diâmetro da molécula de DNA seria mais grosso caso existisse apenas uma cadeia de polinucleotídeo (um grupo de nucleotídeos). Isso o levou a pensar que a molécula de DNA era uma hélice composta, formada por diversas cadeias de polinucleotídeos torcidas umas sobre as outras. Se isso fosse verdade, antes de começar a criar um modelo sério, seria necessário decidir se as cadeias seriam mantidas unidas por ligações de hidrogênio ou por conexões de sal envolvendo os grupos fosfato de carga negativa.

Uma complicação adicional surgiu do fato de quatro tipos de nucleotídeos serem encontrados no DNA. Nesse sentido, o DNA não era uma molécula regular, mas altamente irregular. Os quatro nucleotídeos não eram, entretanto, completamente diferentes, já que cada um deles continha os mesmos açúcares e fosfatos. Sua singularidade estava nas bases nitrogenadas, que eram ou uma purina (adenina e guanina) ou uma pirimidina (citosina e timina). Mas, como as ligações entre os nucleotídeos envolviam apenas os grupos açúcar e fosfato, nossa suposição de que o mesmo tipo de elo químico ligava

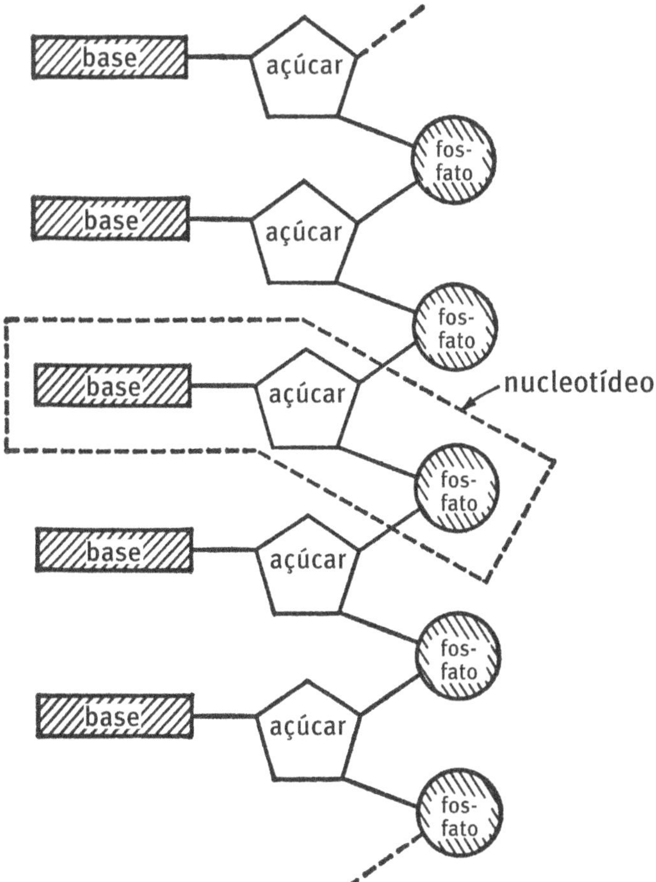

Uma pequena parte do DNA, como vislumbrada pelo grupo de pesquisa de Alexander Todd em 1951. Eles pensavam que todos os elos entre nucleotídeos fossem ligações fosfodiéster, que juntavam o átomo de carbono nº 5 do açúcar ao átomo de carbono nº 3 do açúcar do nucleotídeo adjacente. Como químicos orgânicos, eles estavam preocupados em como os átomos se ligavam uns aos outros, deixando para os cristalógrafos o problema do arranjo tridimensional dos átomos.

todos os nucleotídeos não foi afetada. Ao construir um modelo, nós presumiríamos que o esqueleto açúcar-fosfato era muito regular e a ordem das bases necessárias, muito irregular. Se as sequências de base fossem sempre as mesmas, todas as moléculas de DNA seriam idênticas e não existiria a variação que distingue um gene de outro.

Apesar de Pauling ter chegado à α-hélice praticamente sem as provas de raios X, ele sabia de sua existência e, em certo grau, levou isso em consideração. Devido aos dados radiográficos, uma grande variedade de configurações tridimensionais possíveis para a cadeia de polipeptídeo foi rapidamente descartada. Os dados exatos de raios X nos ajudariam a avançar bem mais rápido com a molécula mais sutilmente construída do DNA. Uma simples observação da imagem radiográfica do DNA preveniria um bom número de inícios equivocados. Felizmente, já existia uma fotografia razoável na literatura publicada. Ela tinha sido feita cinco anos antes pelo cristalógrafo inglês W.T. Astbury e poderia ser usada para dar início à nossa jornada. Possuir fotografias cristalinas muito superiores às de Maurice poderia economizar de seis meses a um ano de trabalho. O doloroso fato de que elas pertenciam a Maurice não poderia ser evitado.

Não havia nada a fazer além de conversar com ele. Para nossa surpresa, Francis não teve dificuldade em persuadir Maurice a vir a Cambridge para um fim de semana. E não foi preciso forçá-lo a concluir que a estrutura era uma hélice. Não só era a sugestão óbvia, como Maurice já falara em termos de hélices em um encontro de verão em Cambridge. Cerca de seis semanas antes de eu chegar lá pela primeira vez, ele havia mostrado fotografias de difração de raios X do DNA, que revelavam uma ausência marcante de reflexos no meridiano. Essa

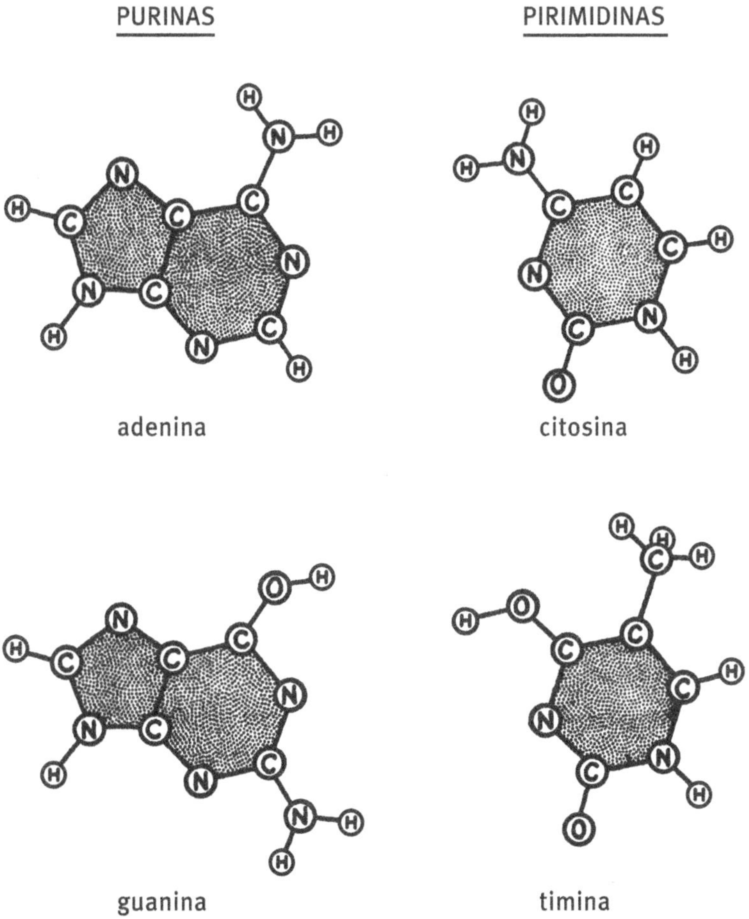

As estruturas químicas das quatro bases do DNA, como costumavam ser representadas por volta de 1951. Pelo fato de os elétrons nos anéis de cinco e seis membros não serem localizados, cada base tem um formato plano com uma espessura de 3,4 Å.

era uma característica que seu colega, o teórico Alex Stokes, lhe dissera ser compatível com uma hélice. Posto isso, Maurice suspeitou que três cadeias de polinucleotídeos fossem usadas para construir a hélice.

Ele, entretanto, não compartilhava da nossa crença de que o jogo de criação de modelos de Pauling determinaria rapidamente a estrutura, pelo menos não até que fossem obtidos mais resultados de raios X. A maioria de nossas conversas, em vez disso, estava focada em Rosy Franklin. Ela estava gerando mais problema do que nunca. Agora insistia que nem mesmo Maurice deveria tirar mais fotos de raios X do DNA. Ao tentar chegar a um acordo com Rosy, Maurice fez um péssimo negócio. Ele havia cedido a ela todos os bons DNAs cristalinos usados em seu trabalho original e concordado em restringir seus estudos a outro DNA, que ele descobriu depois que não cristalizava.

Eles chegaram ao ponto em que Rosy nem ao menos contava a Maurice seus últimos resultados. Ele soube como estavam as coisas somente três semanas depois, no meio de novembro. Rosy faria, então, uma apresentação sobre o trabalho realizado nos seis meses anteriores. Naturalmente, fiquei encantado quando Maurice disse que eu seria bem-vindo à apresentação dela. Pela primeira vez tinha um incentivo real para aprender algo de cristalografia: não queria que Rosy me desse lições.

8

Sem que ninguém esperasse, o interesse de Francis pelo DNA caiu, temporariamente, a quase zero menos de uma semana depois. O motivo disso foi sua decisão de acusar um colega de não dar crédito a suas ideias. A acusação se dirigiu a ninguém menos que seu professor. Isso aconteceu antes de completar um mês da minha chegada, em uma manhã de sábado. No dia anterior, Max Perutz havia dado a Francis um manuscrito novo, escrito por ele e sir Lawrence, a respeito do formato da molécula de hemoglobina. Enquanto o lia rapidamente, Francis ficou furioso porque percebeu que parte do raciocínio se fiava em uma ideia teórica que ele havia proposto cerca de nove meses antes. Pior que isso, Francis se lembrava de tê-la proclamado entusiasticamente para todos no laboratório. E sua contribuição não havia sido reconhecida. Quase ao mesmo tempo, depois de irromper na sala para contar a Max e John Kendrew sobre o ultraje, ele voou para o escritório de Bragg para pedir explicações, se não uma desculpa. Mas Bragg estava em casa naquela hora, e Francis teve de esperar até a manhã seguinte. Infelizmente, o atraso não abrandou o confronto.

Sir Lawrence negou com veemência que tivesse conhecimento prévio dos esforços de Francis e se sentiu muito insultado pela insinuação de que teria usado furtivamente ideias de outro cientista. Por outro lado, Francis achava impossível acreditar que Bragg pudesse ter sido estúpido a ponto de esquecer sua ideia amplamente propagada e lhe disse isso. Era impossível continuarem a conversa e, em menos de dez minutos, Francis estava fora do escritório do professor.

Para Bragg, o encontro pareceu colocar o ponto final de suas relações com Crick. Semanas antes, Bragg havia entrado no laboratório muito entusiasmado com uma ideia que lhe ocorrera na noite anterior, que ele e Perutz incorporaram em seguida a seu artigo. Enquanto ele a explicava para Perutz e Kendrew, Crick acabou se juntando ao grupo. Para sua irritação, Francis não aceitou a ideia de imediato, mas, em vez disso, disse que iria embora e verificaria se Bragg estava certo ou errado. Nesse ponto, Bragg chegara ao limite e, com sua pressão arterial nas alturas, voltou para casa presumivelmente para contar à mulher sobre a última bizarrice de seu "filho problemático".

Essa briga mais recente foi um desastre para Francis, e ele demonstrou sua apreensão quando desceu para o laboratório. Após expulsá-lo de sua sala, Bragg disse com raiva que iria considerar seriamente se poderia continuar lhe oferecendo um lugar no laboratório depois da conclusão de seu curso de PhD. Francis estava obviamente preocupado de ter de arrumar um novo posto em breve. Nosso almoço seguinte no Eagle, o pub onde costumávamos comer, foi contido e sem as gargalhadas habituais.

Sua preocupação não era infundada. Apesar de saber que era brilhante e que poderia produzir ideias inovadoras, Francis ainda não podia reivindicar conquistas intelectuais claras e não havia concluído seu PhD. Ele vinha de uma família de classe média sólida e fora mandado para a escola em Mill Hill. Depois estudou física no University College, em Londres, e começou a trabalhar em um estágio avançado quando a guerra estourou. Como quase todos os outros cientistas ingleses, aderiu aos esforços de guerra e se tornou integrante do grupo científico do almirantado. Lá trabalhou com grande vigor, e, embora alguns se ressentissem de suas conversas ininterruptas, havia uma guerra a ser vencida e ele ajudava muito, produzindo minas magnéticas engenhosas. Quando a guerra acabou, entretanto, alguns de seus colegas não viram um motivo razoável para tê-lo ali para sempre e, durante um período, fizeram-no acreditar que ele não tinha futuro no serviço científico civil.

Além do mais, Francis havia perdido todo o desejo de continuar na física e decidiu, em vez disso, tentar a biologia. Com a ajuda do fisiologista A.V. Hill, obteve uma pequena doação para ir a Cambridge no outono de 1947. No início, praticou biologia de verdade no Laboratório Strangeways, mas aquilo era muito trivial, e, dois anos depois, ele se mudou para o Cavendish, onde se juntou a Perutz e Kendrew. Lá ficou novamente entusiasmado com a ciência e decidiu que talvez pudesse finalmente fazer um PhD. Dessa forma, inscreveu-se como aluno pesquisador (do Caius College), com Max como seu orientador. Em certo sentido, essa busca pelo PhD era entediante para uma mente que trabalhava rápido demais para ficar satisfeita com o tédio inerente às pesquisas de doutorado. Por outro lado, a decisão lhe rendeu um dividendo inesperado; nesse momento de crise, ele dificilmente seria demitido antes de conseguir o diploma.

Max e John logo foram ao resgate de Francis e intercederam junto ao professor. John confirmou que Francis havia escrito um relatório sobre o raciocínio em questão, e Bragg reconheceu que a mesma ideia ocorrera independentemente aos dois. Bragg se acalmara e toda a questão sobre a partida de Crick foi silenciosamente posta de lado. Mantê-lo ali não era fácil para

Bragg. Um dia, em um momento de desespero, ele revelou que Crick fazia seus ouvidos zumbirem. Além disso, continuava cético quanto à necessidade da presença de Crick. Por trinta e cinco anos ele não parara de falar e quase nada de fundamental havia emergido.

9

Uma nova oportunidade de teorizar fez com que Francis voltasse de novo ao normal. Depois do fiasco com Bragg, o cristalógrafo V. Vand enviou a Max uma carta contendo uma teoria para a difração de raios X por moléculas helicoidais. As hélices estavam no centro dos interesses do laboratório, muito por causa da α-hélice de Pauling. Entretanto, faltava uma teoria geral para testar novos modelos e para confirmar os detalhes da α-hélice. Era isso que Vand esperava de sua teoria.

Francis logo encontrou uma séria imperfeição nos esforços de Vand, ficou empolgado com a descoberta da teoria correta e subiu para conversar com Bill Cochran, um escocês baixo e calado, na época conferencista em cristalografia no Cavendish. Bill era o mais esperto do grupo jovem de raios X de Cambridge e, apesar de não estar envolvido no trabalho com as grandes macromoléculas biológicas, era o ouvinte mais inteligente para as frequentes incursões de Francis na teoria. Quando Bill dizia a Francis que uma ideia era falaciosa ou não levaria a nada, Francis podia ter certeza de que não havia ciúme profissional envolvido. Desta vez, entretanto, Bill não verbalizou seu ceticismo, uma vez que havia achado falhas no artigo de Vand por conta própria e começado a se perguntar qual era a resposta correta. Por meses, Max e Bragg ficaram atrás dele para que solucionasse a teoria helicoidal, mas ele não se mexeu. Agora, com a pressão extra de Francis, ele começou a ponderar seriamente como as equações poderiam ser estabelecidas.

No resto da manhã, Francis ficou calado e absorto em questões matemáticas. No almoço no Eagle, uma forte dor de cabeça apareceu, e ele foi para casa em vez de voltar ao laboratório. Mas ficar sentado diante de sua lareira a gás sem fazer nada o entediava, e ele pegou de novo suas equações. Para sua surpresa, logo viu que tinha a resposta. Entretanto, interrompeu o trabalho porque ele e sua mulher, Odile, haviam sido convidados para uma degustação no Matthews', um dos melhores negociantes de vinho de Cambridge. Por muitos dias, seu moral ficou elevado devido ao convite para provar vinhos. Isso significava aceitação por uma parte mais divertida e elegante de Cambridge e lhe permitia rejeitar o fato de que não era querido por uma gama de colegas pomposos e estúpidos.

Ele e Odile estavam morando em Green Door, um apartamento barato e minúsculo, no topo de uma casa de muitas centenas de anos de idade, logo que se cruza a Bridge Street a partir do St. John's College. Havia apenas dois cômodos significativos, uma sala e um quarto. Todos os outros, incluindo a cozinha, onde a banheira era o maior objeto e o mais evidente, eram quase inexistentes. Mas, apesar do atulhamento, seu grande charme, aumentado pelo senso decorativo de Odile, lhe conferia um espírito alegre, se não divertido. Lá experimentei pela primeira vez a vitalidade da vida intelectual inglesa, completamente ausente durante os primeiros dias em meu quarto vitoriano, a vários metros de distância, em Jesus Green.

Eles estavam casados havia três anos. O primeiro casamento de Francis não durou muito, e seu filho, Michael, era criado pela mãe e pela tia de Francis. Ele morou sozinho por muitos anos até que Odile, cerca de cinco anos mais nova, veio para Cambridge e incentivou sua revolta contra a falta de graça da classe média, que se deleitava com passatempos tolos, como velejar e jogar tênis, hábitos particularmente impróprios para a vida social. O mesmo valia para política e religião. A última era claramente um erro de gerações passadas, que Francis não via razão para perpetuar. Mas estou menos certo quanto à sua completa falta de entusiasmo por temas políticos. Talvez fosse a guerra, cuja amargura quisessem esquecer. Em todo caso, o *Times* não estava presente em seu café da manhã, e mais atenção era dada à *Vogue*, a única revista que assinavam e sobre a qual Francis podia conversar longamente.

Naquela época, eu ia muito a Green Door, para jantar. Francis estava sempre ávido para continuar nossas conversas, enquanto eu aproveitava alegremente todas as oportunidades para escapar da miserável comida inglesa que me levava, de tempos em tempos, a me preocupar com a possibilidade de ter uma úlcera. A mãe de Odile era francesa e lhe transmitira um desprezo completo pelo modo nada criativo como a maioria dos ingleses comia e vivia. Assim, Francis nunca teve motivo para invejar aqueles colegas que, na High Table, comiam inegavelmente melhor que as misturas acinzentadas de carne sem gosto, batatas cozidas, verduras sem cor e pavês típicos feitas por suas esposas. Em vez disso, o jantar era sempre alegre, em especial depois que o vinho levava a conversa para as jovens atraentes do momento em Cambridge.

Não havia limites para o entusiasmo de Francis com jovens mulheres – isto é, desde que elas demonstrassem alguma vitalidade e se distinguissem de algum modo que permitisse fofoca e diversão. Quando jovem, vira pouco das mulheres e somente agora estava descobrindo o brilho que elas acrescentavam à vida. Odile não se importava com sua predileção, já que isso contribuía com a emancipação da educação enfadonha que ele recebera em Northampton. Conversavam longamente sobre o mundo pretensamente artístico que Odile frequentava e para o qual eles eram convidados com frequência. Nenhum evento especial ficava de fora de nossas conversas, e ele demonstrava a mesma satisfação ao falar de suas ocasionais gafes sociais. Uma delas foi uma festa à fantasia, à qual foi parecendo um jovem Bernard Shaw, com uma barba vermelha bem cheia. Assim que entrou, percebeu que cometera um engano terrível, pois nenhuma das jovens mulheres gostaria de ser tocada por pelos desgrenhados e úmidos quando chegasse à distância de beijá-las.

Mas não havia jovens mulheres na degustação de vinhos. Para seu desânimo e de Odile, seus companheiros eram colegas de universidade que conversavam com prazer sobre problemas administrativos onerosos que tanto os afligiam. Foram para casa cedo e Francis, inesperadamente sóbrio, pensou melhor sobre sua solução.

Na manhã seguinte, chegou ao laboratório e contou a Max e John sobre seu sucesso. Alguns minutos depois, Bill Cochran entrou no escritório e Francis começou a repetir a história. Mas, antes que pudesse perder a linha de raciocínio, Bill lhe disse que também acreditava ter sido bem-sucedido. Rapidamente, eles revisaram os respectivos cálculos matemáticos e descobriram que Bill havia usado uma derivação elegante em comparação com a abordagem mais trabalhosa de Francis. Surpresos, entretanto, descobriram que haviam chegado à mesma resposta final. Em seguida, analisaram a α-hélice por meio de uma inspeção visual com os diagramas radiográficos de Max. Estavam tão de acordo que tanto o modelo de Linus quanto a teoria deles teriam de estar corretos.

Dentro de poucos dias, um manuscrito bem elaborado foi pronta e alegremente despachado para a *Nature*. Ao mesmo tempo, uma cópia foi enviada para a apreciação de Pauling. Esse acontecimento, seu primeiro sucesso inquestionável, foi um sinal de triunfo para Francis. Dessa vez, a falta de mulheres havia sido acompanhada pela sorte.

10

Em meados de novembro, quando Rosy fez sua apresentação sobre o DNA, eu havia aprendido o suficiente sobre o raciocínio cristalográfico para acompanhar boa parte da palestra. Mais importante, sabia em que concentrar minha atenção. Ouvir Francis durante seis semanas me fez perceber que o cerne da questão era se as novas imagens radiográficas de Rosy dariam algum suporte para a existência de uma estrutura helicoidal do DNA. Os detalhes experimentais realmente relevantes eram aqueles que poderiam fornecer pistas para a construção de modelos moleculares. Bastaram poucos minutos ouvindo Rosy, entretanto, para perceber que sua mente determinada tomara um rumo diferente.

Ela falou para um público de aproximadamente quinze ouvintes, em um estilo rápido e nervoso, bem de acordo com a sala de convenções na qual estávamos, antiga e sem decoração. Não havia nenhum traço de calor ou frivolidade em suas palavras. E, ainda assim, não conseguia vê-la como uma mulher totalmente desinteressante. Por um momento, me perguntei como ela ficaria se tirasse os óculos e fizesse um penteado diferente. Minha maior preocupação, no entanto, era sua descrição do padrão de difração dos raios X cristalinos.

Os anos de aprendizado cristalográfico cuidadoso e racional deixaram sua marca. Tivera a vantagem de receber a rígida educação de Cambridge e não podia ser tola a ponto de usá-la incorretamente. Era totalmente óbvio para Rosy que o único caminho para descobrir a estrutura do DNA era por meio de abordagens puramente cristalográficas. Como a construção de modelos não lhe agradava, ela nunca mencionou o triunfo de Pauling com a α-hélice. A ideia de usar modelos semelhantes a brinquedos de montar para desvendar estruturas biológicas era claramente um último recurso. É claro que Rosy sabia do sucesso de Linus, mas não via nenhuma razão óbvia para imitar aquelas idiossincrasias. O tamanho de seus triunfos era motivo suficiente para que agisse de modo diferente; apenas um gênio no seu nível poderia brincar como um garoto de dez anos de idade e ainda assim obter a resposta correta.

Rosy via sua palestra como um relatório preliminar que, em si, não provaria nada fundamental sobre o DNA. A crua realidade só apareceria quando mais dados tivessem sido coletados, permitindo que as análises cristalográficas fossem levadas a um estágio mais refinado. Sua falta de otimismo imediato era compartilhada pelo pequeno grupo do laboratório que comparecera à palestra. Ninguém mais mencionou as vantagens de usar modelos moleculares para ajudar a determinar a estrutura. O próprio Maurice fez apenas algumas perguntas de caráter técnico. A discussão foi interrompida rapidamente quando as expressões nos rostos dos ouvintes indicaram ou que eles não tinham nada a acrescentar ou que, se quisessem dizer alguma coisa, não seria de bom-tom, pois já a haviam dito antes. A relutância em exprimir qualquer coisa romanticamente otimista, ou mesmo em mencionar modelos, talvez se devesse ao receio de receber uma resposta mordaz de Rosy. Ouvir de uma mulher que era melhor conter a ousadia e não opinar sobre um assunto sobre o qual não tinha conhecimento era certamente um modo desagradável de sair para uma pesada e enevoada noite de novembro. Era a certeza de reviver memórias desagradáveis da escola primária.

Depois de uma breve e, como eu observaria mais tarde, caracteristicamente tensa conversa com Rosy, Maurice e eu caminhamos pela Strand até o restaurante Choy, no Soho. O humor de Maurice estava surpreendentemente jovial. De modo lento e preciso, ele detalhou como Rosy, apesar de ter produzido muita análise cristalográfica elaborada, havia obtido pouco progresso real desde sua chegada ao King's. Embora as fotografias radiográficas dela fossem um pouco mais nítidas do que as dele, ela era incapaz de dizer algo mais categórico do que ele já havia dito. É verdade que Rosy fizera medições mais detalhadas do conteúdo líquido de suas amostras de DNA, mas mesmo nisso Maurice tinha dúvidas a respeito de ela estar medindo o que pretendia de fato.

Para minha surpresa, Maurice parecia encorajado com minha presença. A distância que existia quando nos encontramos pela primeira vez, em Nápoles, desaparecera. O fato de eu, um cientista dedicado a fagos, achar o que ele estava fazendo importante era tranquilizador. Realmente, não ajudava receber incentivo de um colega físico. Mesmo quando encontrava um que achava que sua decisão de migrar para a biologia fazia sentido, ele não podia confiar nesse julgamento. No fim, eles não sabiam nada de biologia, e por isso era melhor levar suas observações para o lado da polidez, até da condescendência, direcionada a alguém que se opunha ao ritmo competitivo da física do pós-guerra.

Para garantir, ele recebera a ajuda ativa e muito necessária de alguns bioquímicos. Caso contrário, nunca poderia ter entrado no jogo. Muitos deles foram essenciais ao lhe fornecerem generosamente amostras de DNA altamente purificado. Já era ruim o bastante aprender cristalografia sem conhecer as técnicas de feitiçaria de um bioquímico. Por outro lado, a maioria não era como os tipos superpoderosos com os quais ele tinha trabalhado no projeto da bomba. Às vezes, eles pareciam até ignorantes quanto à importância do DNA.

Mas, mesmo assim, sabiam mais do que a maioria dos biólogos. Na Inglaterra, se não em todo lugar, a maioria dos botânicos e zoólogos formava um grupo heterogêneo. Nem mesmo suas cadeiras universitárias lhes garantiam fazer ciência limpa; alguns desperdiçaram verdadeiramente seus esforços em polêmicas inúteis sobre a origem da vida ou sobre como sabemos que um fato científico está realmente correto. Pior ainda, era possível se formar em biologia sem aprender nada de genética. Isso para não dizer que os próprios geneticistas não forneciam nenhuma ajuda intelectual. Poderíamos pensar que, com toda a falação sobre genes, eles deveriam se preocupar mais com isso. Ainda assim, quase nenhum deles parecia levar a sério a evidência de que genes eram feitos de DNA. Esse fato era desnecessariamente químico. O que a maioria deles queria da vida era guiar seus alunos para os detalhes não interpretáveis do comportamento dos cromossomos ou fazer especulações confusas e elegantemente construídas sobre tópicos como o papel do geneticista nessa época transicional de valores em transformação.

Assim, saber que o grupo especializado em fagos levou o DNA a sério fez Maurice acreditar que os tempos iriam mudar e que ele não teria de explicar dolorosamente, a cada palestra que desse, por que seu laboratório dava tanta atenção e importância para o DNA. Quando nosso jantar acabou, ele estava claramente inclinado a seguir adiante. Mas, de repente, Rosy voltou a ser o tema da conversa, e a possibilidade de mobilizar de verdade os esforços de seu laboratório lentamente retrocedeu enquanto pagávamos a conta e saíamos para a noite.

11

Na manhã seguinte, encontrei Francis na estação de Paddington. Dali, iríamos a Oxford para passar o fim de semana. Ele queria falar com Dorothy Hodgkin, a melhor das cristalógrafas inglesas, enquanto eu aproveitava a oportunidade de ver Oxford pela primeira vez. No portão de embarque, Francis estava em sua melhor forma. A visita lhe daria a oportunidade de contar a Dorothy sobre seu sucesso em solucionar, junto a Bill Cochran, a teoria da difração helicoidal. Tratava-se de uma teoria muito elegante para não ser contada pessoalmente – pessoas como Dorothy, inteligente o suficiente para entender de imediato sua importância, eram muito raras.

Assim que nos vimos no trem, Francis começou a fazer perguntas sobre a palestra de Rosy. Minhas respostas eram frequentemente vagas, e Francis estava visivelmente incomodado com meu hábito de confiar na memória e nunca anotar nada no papel. Se um assunto me interessava, em geral eu conseguia lembrar o que era preciso. Dessa vez, porém, tínhamos um problema, porque eu não conhecia muito do jargão cristalográfico. Especialmente malogrado foi o meu fracasso em relatar com exatidão o conteúdo de água das amostras de DNA nas quais Rosy tinha feito suas medições. Era possível que eu estivesse confundindo Francis com uma diferença de ordem de magnitude.

A pessoa errada fora enviada para ouvir Rosy. Se Francis tivesse ido também, uma ambiguidade dessas não existiria. Era o castigo por ser sensível demais à situação. Provavelmente, ver Francis avaliando as consequências das informações de Rosy quando mal tinham saído da sua boca teria chateado Maurice. Em certo sentido, seria desagradavelmente injusto para eles aprenderem os fatos ao mesmo tempo. Era certo que Maurice tivesse a primeira oportunidade de enfrentar o problema. Por outro lado, não havia nenhum indício de que ele acreditasse que a resposta poderia vir de brincadeiras com modelos moleculares. Nossa conversa na noite anterior mal aludira a essa abordagem. Existia, é claro, a possibilidade de que ele estivesse escondendo algo. Mas isso era muito improvável – Maurice simplesmente não fazia esse gênero.

A única coisa que Francis podia desenvolver de imediato era apreender o valor da água, sobre o qual era mais fácil de se pensar. Logo alguma coisa pareceu fazer sentido, e ele começou a esboçar um rascunho no verso de um manuscrito que estava lendo. Na hora, não entendi o que Francis estava prestes a fazer e voltei ao *Times* para me distrair. Em poucos minutos, no entanto, ele me fez perder todo o interesse no mundo externo ao dizer que apenas um pequeno número de soluções formais era compatível tanto com a teoria Cochran-Crick quanto com os dados experimentais de Rosy. Rapidamente, ele começou a desenhar mais diagramas para me mostrar como o problema era simples. Ainda que a matemática me escapasse, o cerne da questão não era difícil de acompanhar. Decisões tinham de ser tomadas sobre o número de cadeias de polinucleotídeos dentro da molécula de DNA. Superficialmente, os dados de raios X eram compatíveis com duas, três ou quatro fitas. Era tudo uma questão do ângulo e do raio em que as fitas de DNA se torciam em torno do eixo central.

Quando a viagem de trem de uma hora e meia acabou, Francis não via razão para que não descobríssemos a resposta logo. Talvez fosse necessária uma semana de manipulação consistente dos modelos moleculares para nos deixar absolutamente certos de que tínhamos a resposta correta. Nesse caso, ficaria óbvio para o mundo que Pauling não era o único capaz de apresentar um conceito real de como as moléculas biológicas são construídas. A descoberta de Linus da α-hélice fora quase embaraçosa para o grupo de Cambridge. Cerca de um ano antes desse triunfo, Bragg, Kendrew e Perutz publicaram um artigo sistemático sobre a forma da cadeia polipeptídica, uma abordagem que não solucionou a questão. Bragg, na verdade, ainda estava irritado com o fiasco. Seu orgulho fora ferido em um ponto sensível. Durante vinte e cinco anos, houve vários encontros com Pauling. Na maioria das vezes, Linus apresentava uma solução antes.

Até Francis se sentia humilhado pelo acontecimento. Ele já estava no Cavendish quando Bragg se convencera a respeito de como uma cadeia polipeptídica se torcia. Além do mais, ele sabia de uma discussão na qual se cometera o erro fundamental sobre o formato do peptídeo. Essa fora certamente a ocasião para interpor sua habilidade crítica para avaliar o significado de observações experimentais – mas ele não disse nada de útil. Não que Francis normalmente evitasse criticar os amigos. Em outros casos, fora irritantemente franco ao apontar como Perutz e Bragg haviam exagerado publicamente na interpretação de seus resultados sobre a hemoglobina. Sem dúvida, essa crítica aberta estava por trás da recente explosão de sir Lawrence contra ele. Na visão de Bragg, tudo o que Crick fizera fora causar problemas.

Agora, no entanto, não era o momento de se concentrar em erros passados. Em vez disso, a velocidade com a qual falávamos sobre possíveis tipos de estruturas de DNA aumentava conforme a manhã passava. Não importava na companhia de quem estivéssemos, Francis relatava rapidamente o progresso das horas anteriores, deixando nosso interlocutor atualizado sobre como havíamos optado por modelos nos quais o esqueleto açúcar-fosfato estivesse no centro da molécula. Apenas dessa forma seria possível obter uma estrutura suficientemente regular para gerar os padrões de difração cristalina observados por Maurice e Rosy. Era verdade que ainda tínhamos de lidar com a sequência irregular de bases voltadas para fora – mas essa dificuldade poderia desaparecer quando o arranjo interno correto fosse estabelecido.

Havia também a questão daquilo que neutralizava a carga negativa dos grupos fosfato do esqueleto do DNA. Francis, assim como eu, não sabia quase nada sobre como íons inorgânicos se organizavam em três dimensões. Tínhamos de encarar a deprimente realidade de que a autoridade mundial na química estrutural dos íons era o próprio Linus Pauling. Assim, se o cerne da questão era deduzir um arranjo inteligente e incomum de íons inorgânicos e grupos fosfato, estávamos claramente em desvantagem. Ao meio-dia, tornou-se imperativo encontrar uma cópia do livro clássico de Pauling, *A natureza da ligação química*. Estávamos almoçando perto da High Street. Sem perder tempo com o café, percorremos várias livrarias até conseguir encontrá-lo na Blackwell. Fizemos uma leitura rápida das seções relevantes. Isso nos forneceu os valores corretos para os tamanhos exatos dos íons inorgânicos possíveis, mas nada que pudesse ajudar a solucionar o problema.

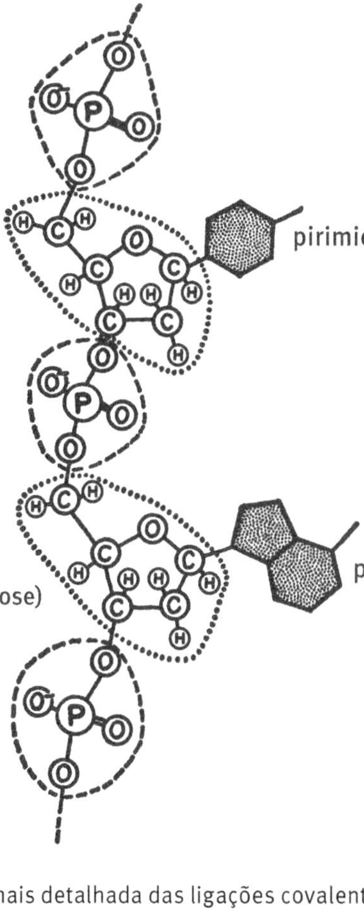

Visão mais detalhada das ligações covalentes
do esqueleto açúcar-fosfato.

Quando chegamos ao laboratório de Dorothy no Museu de História Natural, a fase maníaca tinha praticamente passado. Francis penetrou na teoria helicoidal em si, devotando apenas alguns minutos ao nosso avanço com o DNA. A maior parte da conversa se centrou, em vez disso, no trabalho recente de Dorothy com a insulina. Como anoitecia, não havia sentido em fazê-la perder mais tempo. Partimos, então, para Magdalen, onde tomaríamos chá com Avrion Mitchison e Leslie Orgel, ambos alunos convidados da universidade. Francis estava pronto para falar sobre coisas triviais à mesa, enquanto eu pensava em silêncio em como seria esplêndido se pudesse viver algum dia no estilo de um aluno de Magdalen.

O jantar, acompanhado por um vinho Claret, no entanto, trouxe a conversa de volta para o nosso iminente triunfo com o DNA. Àquela altura, juntara-se a nós um amigo próximo de Francis, o especialista em lógica George Kreisel, cujo dialeto e aparência suja não se encaixavam na imagem que eu fazia do filósofo inglês. Francis saudou sua chegada com grande satisfação, e o som da sua gargalhada e o sotaque austríaco de Kreisel dominaram a atmosfera elegante do restaurante da High Street onde Kreisel combinou de nos encontrarmos. Kreisel falou longamente sobre um modo de cometer suicídio financeiro, movimentando dinheiro entre as partes politicamente divididas da Europa. Avrion Mitchison voltou a se juntar a nós, e a conversa mudou, por um breve período, para a tagarelice divertida da classe média intelectual. Esse tipo de papo-furado, entretanto, não agradava Kreisel, assim Avrion e eu pedimos licença e fomos andar pelas ruas medievais, em direção ao meu quarto. Eu estava agradavelmente bêbado e falei longamente sobre o que poderíamos fazer quando tivéssemos o DNA.

12

Revelei a John e Elizabeth Kendrew a grande novidade sobre o DNA quando os encontrei para o café na manhã de segunda-feira. Elizabeth pareceu encantada em saber que o sucesso estava quase ao nosso alcance, enquanto John recebeu a notícia com mais calma. Quando soube que Francis estava de novo inspirado, e que eu não tinha nada mais sólido a apresentar além de entusiasmo, ele se perdeu nas seções do *Times* que falavam sobre os primeiros dias do novo governo conservador. Logo depois, John foi para seus aposentos no Peterhouse College, deixando que Elizabeth e eu digeríssemos as implicações da minha sorte inesperada. Não fiquei muito, porque quanto antes voltasse para o laboratório, mais rápido poderia descobrir qual das respostas possíveis seria escolhida para ter seus modelos moleculares profundamente analisados.

Tanto Francis quanto eu, entretanto, sabíamos que os modelos do Cavendish não seriam totalmente satisfatórios. Eles haviam sido construídos por John cerca de um ano e meio antes, para o seu trabalho na forma tridimensional da cadeia polipeptídica. Não havia representações precisas dos grupos de átomos exclusivos do DNA. Nem átomos de fósforo nem as purinas e pirimidinas estavam representados. Seria necessário improvisar, porque não havia tempo para Max dar uma ordem expressa para sua construção. Fazer modelos novos poderia levar uma semana inteira, ao passo que era possível encontrar uma resposta em cerca de um dia. Assim que cheguei ao laboratório, comecei a adicionar pedaços de fios de cobre a alguns de nossos modelos de átomos de carbono, transformando-os, assim, em átomos maiores de fósforo.

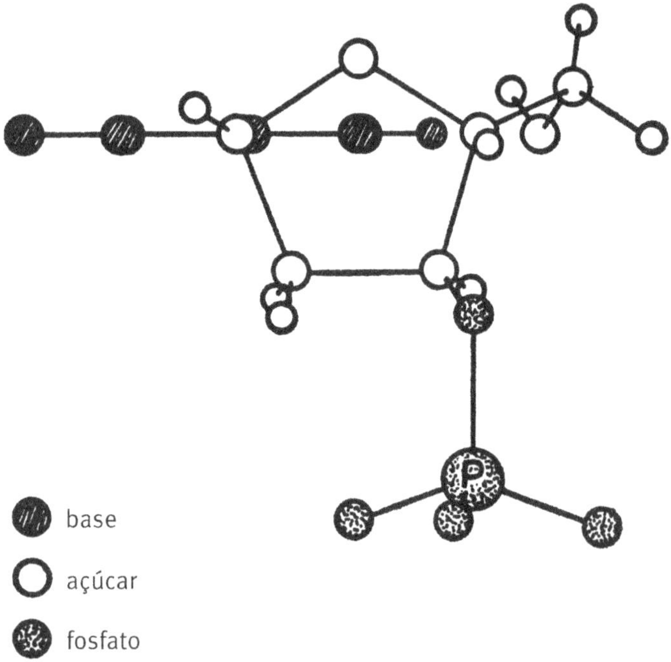

Uma visão esquemática de um nucleotídeo, mostrando que o plano da base é quase perpendicular ao plano no qual está a maioria dos átomos de açúcar. Esse importante fato foi determinado em 1949 por S. Furberg, que, na época, trabalhava em Londres, no laboratório de J.D. Bernal, no Birkbeck College. Mais tarde, ele construiu muitos modelos experimentais para o DNA. Mas, sem saber os detalhes dos experimentos do King's College, construiu apenas estruturas de uma única fita, e, por isso, suas ideias estruturais nunca foram seriamente consideradas no Cavendish.

A necessidade de fabricar representações dos íons inorgânicos trouxe muito mais dificuldades. Diferentemente dos outros componentes, eles não obedeciam a regras simples que dissessem com que inclinação angular formariam suas respectivas ligações químicas. Muito provavelmente teríamos de conhecer a estrutura correta do DNA antes que os modelos certos pudessem ser feitos. Eu mantinha a esperança, entretanto, de que Francis estivesse próximo da solução decisiva e a divulgasse logo que chegasse ao laboratório. Mais de dezoito horas haviam transcorrido desde nossa última conversa, e havia pouca chance de que os jornais de domingo o tivessem distraído durante seu retorno a Green Door.

Sua chegada por volta das dez horas, no entanto, não trouxe a resposta. Depois do jantar de domingo, ele havia mergulhado novamente no dilema, sem encontrar uma resposta rápida. O problema fora deixado de lado para uma rápida olhada em um romance sobre as avaliações sexuais enganosas dos universitários de Cambridge. O livro tinha breves bons momentos e, mesmo nas páginas mais tolas, havia dúvida quanto ao enredo ter sido seriamente inspirado pela vida de algum amigo.

Enquanto tomávamos café, porém, Francis exalava confiança de que já tínhamos dados experimentais suficientes para determinar o resultado. Teríamos condições de começar o jogo com diversos conjuntos diferentes de fatos e, ainda assim, chegar às mesmas respostas finais. Talvez todo o problema pudesse ser explicado apenas pela nossa concentração no modo mais bonito de uma cadeia de polinucleotídeos se torcer. Enquanto Francis continuava a pensar sobre o significado do diagrama de raios X, comecei a juntar os diversos modelos atômicos em várias cadeias, cada uma delas com vários nucleotídeos. Apesar

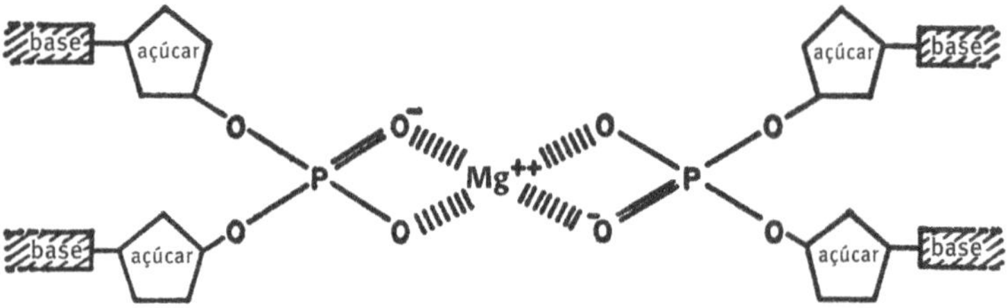

Como íons Mg++ podem ser usados para ligar grupos fosfato carregados negativamente no centro de uma hélice composta.

de as cadeias de DNA serem muito longas na natureza, não havia razão para montar algo enorme. Desde que pudéssemos ter certeza de que se tratava de uma hélice, a atribuição de posições para somente um par de nucleotídeos geraria automaticamente o arranjo de todos os outros componentes.

A rotineira tarefa de montagem acabou por volta da uma, quando Francis e eu caminhamos até o Eagle para o nosso almoço habitual com o químico Herbert Gutfreund. Nesses dias, John geralmente ia para o Peterhouse, enquanto Max sempre pedalava para casa. Às vezes, Hugh Huxley, aluno de John, se juntava a nós, mas ultimamente ele estava achando difícil apreciar as investidas inquisidoras de Francis na hora do almoço. Pouco antes da minha chegada a Cambridge, a decisão de Hugh de se ocupar do problema de como os músculos se contraem havia chamado a atenção de Francis para a oportunidade inédita de que, por cerca de vinte anos, fisiologistas musculares vinham acumulando dados sem amarrá-los a uma imagem consistente. Francis considerou a situação perfeita para a ação. Não havia necessidade de divulgar os experimentos relevantes, visto que Hugh já tinha penado diante da massa não assimilada. Almoço após almoço, os fatos eram reunidos para formar teorias que se sustentavam por cerca de um dia, até que Hugh convencesse Francis de que um resultado que ele desejava que fosse atribuído a um erro experimental era tão sólido quanto o Rochedo de Gibraltar. Agora a construção da câmera radiográfica de Hugh estava completa, e ele esperava obter logo evidências experimentais para responder os pontos discutíveis. A diversão seria toda perdida se, de alguma forma, Francis pudesse prever corretamente o que iria encontrar.

Mas, naquele dia, Hugh não precisava temer uma nova invasão intelectual. Quando entramos no Eagle, Francis não trocou seu cumprimento estridente com o economista persa Ephraim Eshag, mas passou a impressão inconfundível de que algo sério estava para acontecer. A construção do modelo vigente começaria logo depois do almoço, e planos mais concretos teriam de ser formulados para tornar o processo eficiente. Diante da nossa torta de groselha, visualizamos os prós e os contras de uma, duas, três ou quatro cadeias, rapidamente descartando hélices de uma cadeia, por serem incompatíveis com as evidências que tínhamos em mãos. Quanto às forças que mantinham as cadeias unidas, a melhor aposta parecia ser pontes salinas, nas quais cátions bivalentes como o Mg^{++} mantivessem unidos dois ou mais grupos fosfato. Na verdade, não havia evidências de que as amostras de Rosy contivessem qualquer íon bivalente, ou seja, podíamos estar correndo um risco. Por outro lado, não havia absolutamente nenhuma evidência contra o nosso palpite. Se ao menos os grupos do King's tivessem pensado sobre modelos, eles teriam se perguntado que tipo de sal estaria presente e não nos encontraríamos nessa situação enfadonha. Mas, com sorte, a adição de íons de magnésio ou possivelmente de cálcio ao esqueleto açúcar-fosfato geraria rapidamente uma estrutura elegante, cuja exatidão não seria contestável.

Nossos primeiros minutos com os modelos, entretanto, não foram felizes. Embora houvesse apenas cerca de quinze átomos, eles não paravam de cair das pinças desajeitadas, montadas para prendê-los a uma distância correta um do outro. Pior ainda, tivemos a desconfortável impressão de que não havia restrições óbvias nos ângulos das ligações entre diversos dos átomos mais importantes. Isso não era nem um pouco agradável. Pauling decifrara a α-hélice ao perseguir inescrupulosamente sua certeza de que a ligação peptídica era plana. Para nossa irritação, tínhamos todas as razões para acreditar que as ligações fosfodiésteres que unem sucessivos nucleotídeos no DNA existem em uma variedade de formatos. Ao menos com o nosso nível de intuição química, era improvável que qualquer configuração única fosse muito mais bonita que o resto.

No entanto, após o chá, começou a emergir um formato que nos animou. Três cadeias torcidas umas sobre as outras, de modo a produzir uma repetição cristalográfica a cada 28 Å ao longo do eixo helicoidal. Essa era uma característica requerida pelas imagens de Rosy e Maurice, e, por isso, Francis parecia visivelmente tranquilo ao voltar da bancada do laboratório depois de inspecionar as conquistas da tarde. É verdade que alguns dos contatos atômicos ainda estavam próximos demais para serem confortáveis, mas, no entanto, a manipulação estava apenas começando. Com mais algumas horas de trabalho, um modelo apresentável deveria estar em exposição.

Durante a refeição da noite em Green Door, prevaleceram espíritos exaltados. Embora Odile não pudesse acompanhar o que estávamos dizendo, ela obviamente se animou com o fato de que Francis estava para produzir seu segundo triunfo em um mês. Se a sequência de acontecimentos prosseguisse, eles logo estariam ricos e poderiam ter um carro. Francis não via razão em tentar simplificar o tema para facilitar a compreensão de Odile. Desde que ela lhe dissera que a gravidade alcançava apenas cinco quilômetros no céu, esse aspecto da sua relação estava resolvido. Ela não só não sabia nada de ciência, mas toda tentativa de enfiar algo em sua cabeça seria uma batalha perdida contra os anos de educação no convento. O máximo que se podia esperar era uma avaliação do modo linear em que se calculava o dinheiro.

Nossa conversa, em vez disso, se centrou em uma jovem estudante de arte que estava prestes a se casar com Harmut Weil, um amigo de Odile. Esse assunto era um pouco desagradável para Francis. Iria retirar a garota mais bonita do seu círculo de festas. Além disso, havia mais de um aspecto nebuloso sobre Harmut. Ele vinha de uma tradição universitária alemã que acreditava em duelos. Tinha também um talento inegável para convencer várias mulheres de Cambridge a posar para sua câmera.

Todos os pensamentos sobre mulheres, no entanto, foram banidos no momento em que Francis entrou com leveza no laboratório antes do café da manhã. Logo, depois de acrescentar ou retirar diversos átomos, o modelo de três cadeias começou a parecer muito razoável. O próximo passo seria obviamente contrastá-lo com as medições quantitativas de Rosy. O modelo certamente se encaixaria nas posições gerais das reflexões radiográficas, porque seus parâmetros helicoidais essenciais haviam sido escolhidos para se ajustar aos tópicos da palestra que eu transmitira a Francis. Se isso estivesse certo, entretanto, o modelo também preveria com exatidão as forças relativas das diversas reflexões radiográficas.

Francis deu um rápido telefonema para Maurice. Ele explicou como a teoria da difração helicoidal permitira uma rápida pesquisa de possíveis modelos de DNA e contou que ele e eu tínhamos acabado de nos aproximar da criatura que poderia ser a resposta que todos esperávamos. A melhor coisa seria Maurice vir imediatamente e dar uma olhada. Mas ele não marcou uma data definida, dizendo que achava que poderia fazê-lo em algum momento ao longo da semana. Logo que o telefone foi colocado no gancho, John entrou para ver como Maurice tinha recebido a notícia daquele avanço notável. Francis achou difícil resumir a resposta. Era quase como se ele fosse indiferente ao que estávamos fazendo.

No meio da tarde, contudo, recebemos uma ligação do King's. Maurice viria de Londres no trem das dez e dez, na manhã seguinte. Além disso, não viria sozinho. Seu colaborador Willy Seeds o acompanharia. Para ser mais exato, Rosy, junto com seu aluno R.G. Gosling, estariam no mesmo trem. Aparentemente, eles ainda estavam interessados na resposta.

13

Maurice decidiu pegar um táxi da estação para o laboratório. Normalmente, viria de ônibus, mas agora havia quatro pessoas para dividir a corrida. Além do mais, não era uma satisfação esperar o ônibus no ponto com Rosy. Isso faria com que a atual situação ficasse ainda mais desagradável. Suas observações bem-intencionadas nunca vieram, e, ainda agora, ameaçados por uma possível humilhação, Rosy estava indiferente, como sempre, à sua presença, e direcionava toda a sua atenção a Gosling. Houve apenas um leve esforço para aparentar um ambiente harmonioso quando Maurice enfiou a cabeça no nosso laboratório para dizer que tinham chegado. Especialmente em situações embaraçosas como aquela, Maurice pensava que alguns minutos sem falar de ciência era o modo de proceder. Rosy, entretanto, não fora até ali para ouvir tolices e logo quis saber em que pé as coisas estavam.

Nem Max nem John fizeram nada para tirar o foco das atenções de Francis. Era o dia dele, e, depois de entrarem para cumprimentar Maurice, os dois alegaram a pressão do trabalho para se retirarem para detrás das portas fechadas do escritório. Antes da chegada da delegação, Francis e eu havíamos concordado em revelar nosso progresso em dois estágios. Francis iria resumir primeiro as vantagens da teoria helicoidal. Depois, juntos, explicaríamos como havíamos chegado ao modelo proposto para o DNA. A seguir, almoçaríamos no Eagle, deixando a tarde livre para discutir como todos poderíamos dar continuidade às etapas finais do problema.

A primeira parte da apresentação seguiu conforme o planejado. Francis não viu motivo para suavizar o poder da teoria helicoidal e, por vários minutos, revelou como as funções de Bessel forneceram respostas límpidas. Nenhum dos visitantes, no entanto, deu alguma indicação de compartilhar o deleite de Francis. Em vez de querer fazer alguma coisa com as belas equações, Maurice desejava se concentrar no fato de que a teoria não ia além de uma matemática na qual seu colega Stokes havia trabalhado sem fazer todo aquele barulho. Stokes resolvera o problema no trem certa noite quando ia para casa e rascunhara a teoria em uma pequena folha de papel na manhã seguinte.

Rosy não deu um pio sobre a prioridade da criação da teoria helicoidal e, enquanto Francis tagarelava, demonstrava uma irritação crescente. O sermão era desnecessário, já que, na cabeça dela, não havia a mínima evidência de que o DNA fosse helicoidal. Se fosse o caso, isso seria revelado após trabalhos radiográficos. A inspeção do modelo em si apenas aumentou seu desdém. Nada nos argumentos de Francis justificava todo o rebuliço. Ela se tornou decididamente agressiva quando entramos no tópico dos íons Mg++ que mantinham unidos os grupos fosfato do nosso modelo de três cadeias. Essa característica não tinha nenhum apelo para Rosy, que ressaltou rudemente que os íons Mg++ eram rodeados por cápsulas firmes de moléculas de água e, por isso, era improvável que fossem os pontos de apoio de uma estrutura compacta.

O mais incômodo é que suas objeções não eram mera perversidade: nesse estágio, surgiu o fato embaraçoso de que minhas recordações sobre o conteúdo aquoso das amostras de

DNA de Rosy poderiam não estar certas. Tornou-se evidente que a verdade incômoda residia no fato de que o modelo correto de DNA deveria conter ao menos dez vezes mais água do que havia em nosso modelo. Isso não significava que nós estávamos necessariamente errados – com sorte, a água extra se dispersaria em regiões vazias na periferia da nossa hélice. Por outro lado, não havia como escapar da conclusão de que nosso argumento era frágil. Ao se levantar a possibilidade de que havia muito mais água envolvida, o número de modelos potenciais de DNA aumentou de forma alarmante.

Embora Francis não pudesse evitar dominar a conversa no almoço, seu humor não era mais o de um mestre confiante que ensinava crianças desafortunadas da colônia, que até então não haviam conhecido um intelecto de primeira. Estava claro para todos qual grupo era o dono da bola agora. A melhor maneira de salvar algo do dia era chegar a um acordo sobre a nova rodada de experiências. Em especial, apenas algumas semanas de trabalho seriam necessárias para definir se a estrutura do DNA dependia dos íons exatos usados para neutralizar os grupos fosfato negativos. Dessa forma, a dúvida terrível a respeito da importância dos íons Mg^{++} poderia deixar de existir. Com isso resolvido, uma nova rodada de construção de modelos poderia começar e, com sorte, ela ocorreria até o Natal.

Nossa caminhada pós-almoço pelo King's e ao longo do Backs até o Trinity, entretanto, não revelou nenhuma conversão. Rosy e Gosling foram beligerantemente assertivos: seu futuro curso de ação não seria afetado pela excursão de oitenta quilômetros à tagarelice adolescente. Maurice e Willy Seeds deram mais indicações de serem razoáveis, mas isso podia ser apenas o reflexo de um desejo de não concordar com Rosy.

A situação não melhorou quando voltamos ao laboratório. Francis não quis se render de imediato, por isso examinou com cuidado alguns dos detalhes reais de como nos incumbimos da construção do modelo. Apesar disso, ele desanimou logo que se tornou claro que eu era o único a participar da conversa. Além do mais, a essa altura nenhum de nós realmente queria olhar para o nosso modelo. Todo o glamour havia desaparecido, e os átomos de fósforo cruamente improvisados não davam sinal de que se encaixariam bem a ponto de constituir algo de valor. Assim, quando Maurice mencionou que, se fossem rápidos, o ônibus poderia deixá-los na estação para pegarem o trem das três e quarenta para Liverpool Street, nos despedimos às pressas.

14

O TRIUNFO DE ROSY logo emanou escadaria acima até Bragg. Não havia nada a fazer senão aparentar serenidade enquanto as notícias sobre a discussão confirmavam o fato de que Francis se moveria mais rápido se fechasse a boca. As consequências se desenrolaram de modo previsível. Esse era claramente o momento para o chefe de Maurice discutir com Bragg se fazia sentido Crick e o americano duplicarem o investimento maciço do King's no DNA.

Sir Lawrence já havia visto o bastante de Francis para se surpreender com mais um alvoroço desnecessário causado por ele. Não havia como dizer quando desencadearia a próxima explosão. Se continuasse a se comportar dessa maneira, poderia passar facilmente os cinco anos seguintes no laboratório sem coletar dados suficientes para garantir um PhD honesto. A possibilidade desencorajadora de manter Francis nos anos restantes de seu período como professor do Cavendish era pedir demais para Bragg ou qualquer pessoa com um temperamento normal. Além disso, vivera por muito tempo à sombra do pai famoso, com a maioria das pessoas imaginando equivocadamente que seu pai, e não ele, fora responsável pelo inteligente raciocínio por trás da Lei de Bragg. Agora, quando devia estar aproveitando as vantagens da mais prestigiosa cadeira da ciência, tinha de ser responsável pelos atos ultrajantes de um gênio malsucedido.

Portanto, a decisão de que Francis e eu deveríamos desistir do DNA foi transmitida a Max. Bragg não teve escrúpulos quanto à possibilidade de obstruir a ciência, porque questionamentos feitos a Max e John não revelaram nada de original em nossa abordagem. Depois do sucesso de Pauling, ninguém podia afirmar que a fé em hélices implicava qualquer coisa que não uma mente simplória. Deixar o grupo do King's tomar a frente dos modelos helicoidais era o certo, em qualquer circunstância. Crick poderia, então, se empenhar em sua tese, investigando os modos como os cristais de hemoglobina encolhem quando são colocados em soluções salinas de diferentes densidades. Um ano a dezoito meses de trabalho incessante poderiam dizer algo mais sólido sobre a forma da molécula de hemoglobina. Com um PhD no bolso, Crick teria condições de procurar emprego em qualquer lugar.

Não houve nenhuma tentativa de contestar o veredicto. Para alívio de Max e John, nós nos abstivemos de questionar a decisão de Bragg publicamente. Um confronto aberto revelaria que nosso professor ignorava completamente o significado das iniciais do DNA. Não havia razão para crer que ele dera a isso um centésimo da importância concedida à estrutura dos metais, para a qual se deleitara construindo modelos de bolhas de sabão. Nada deu mais prazer a sir Lawrence do que exibir seu engenhoso filme de bolhas se chocando umas contra as outras.

Nossa sensatez não surgiu, entretanto, de um desejo de manter a paz com Bragg. Ficar na surdina fazia sentido porque estávamos em uma posição difícil, com modelos baseados em núcleos de açúcar-fosfato. Não importava como olhássemos para eles, eles não cheiravam bem. No dia seguinte à visita do King's, analisamos cuidadosamente o desafortunado caso das três cadeias e algumas variantes possíveis. Não havia como ter certeza, mas a impressão era de que todo modelo que pusesse o esqueleto açúcar-fosfato no centro da hélice forçaria os átomos a ficarem mais próximos do que as leis da química permitiam. Posicionar o átomo a uma distância apropriada de seu vizinho fazia, com frequência, com que um átomo distante fosse prensado de modo impossível junto de seus pares.

Era necessário começar de novo para solucionar o problema. Lamentavelmente, entretanto, percebemos que a confusão tempestuosa com o King's esgotaria nossa fonte de novos resultados experimentais. Não esperávamos receber convites para colóquios de pesquisa, e até mesmo o questionamento mais despretensioso de Maurice provocaria a suspeita de que estávamos naquilo de novo. O pior era a certeza quase absoluta de que o fim da construção de modelos de nossa parte não seria acompanhado de uma explosão de atividade correspondente no laboratório deles. Até o momento, que nós soubéssemos, o King's não havia construído nenhum modelo tridimensional dos átomos necessários. Além disso, a nossa sugestão de agilizar a tarefa entregando-lhes os moldes de Cambridge para os modelos foi recebida sem entusiasmo. Maurice disse, no entanto, que, em algumas semanas, encontraria alguém para ajeitar as coisas e ficou combinado que, na próxima vez que um de nós fosse a Londres, deixaria o suporte do modelo no laboratório deles.

Com isso, a perspectiva de que alguém do lado britânico do Atlântico elucidasse o DNA parecia distante diante da aproximação das festas de fim de ano. Embora Francis voltasse de novo sua atenção para as proteínas, obedecer Bragg ao trabalhar em sua tese não era de seu agrado. Em vez disso, após alguns dias de relativo silêncio, ele começou a falar aos borbotões sobre arranjos super-helicoidais da própria α-hélice.

Somente na hora do almoço, pude ter certeza de que ele ia falar sobre o DNA. Felizmente, John Kendrew percebeu que a moratória no trabalho com o DNA não se estendia a pensar sobre ele. Em nenhum momento, tentou me deixar novamente interessado na mioglobina. Em vez disso, aproveitei os dias frios e escuros para aprender mais química teórica ou folhear periódicos, esperando que existisse uma pista esquecida para o DNA.

O livro que eu mais consultava era o exemplar de Francis de *A natureza da ligação química*. Com uma frequência cada vez maior, quando Francis precisava dele para procurar o comprimento de uma ligação crucial, o livro aparecia na parte da bancada do laboratório que John me dera para trabalhos experimentais. Eu esperava que o verdadeiro segredo estivesse em algum lugar da obra-prima de Pauling. Dessa forma, o presente que Francis me dera, um segundo exemplar, foi um bom presságio. Na primeira página havia a inscrição "Para Jim, do Francis – Natal de 51". Os vestígios de cristandade foram realmente úteis.

15

NÃO PASSEI AS FESTAS de fim de ano em Cambridge. Avrion Mitchison me convidou para ir a Carradale, para a casa de seus pais, no Mull of Kintyre. Era muita sorte, porque, nos feriados, a mãe de Av, Naomi, a distinta escritora, e seu pai Dick, parlamentar do Partido Trabalhista, eram conhecidos por encher a casa com um sortimento ímpar de mentes vivazes. Além do mais, Naomi era irmã do mais inteligente e excêntrico biólogo da Inglaterra, J.B.S. Haldane. Nem o sentimento de que o nosso trabalho com o DNA havia estacionado nem a incerteza de ser pago no ano seguinte eram muito preocupantes quando me juntei a Av e sua irmã Val na estação Euston. Não havia mais assentos livres no trem noturno para Glasgow, o que nos proporcionou uma jornada de dez horas, sentados sobre a bagagem, ouvindo Val falar sobre os hábitos tolos e grosseiros dos americanos que, a cada ano, se acumulam mais e mais em Oxford.

Em Glasgow, encontramos minha irmã Elizabeth, que havia voado para Prestwick, de Copenhague. Duas semanas antes, ela enviara uma carta contando que estava sendo perseguida por um dinamarquês. Logo pressenti um desastre iminente, pois se tratava de um ator bem-sucedido. Em seguida, perguntei se poderia trazer Elizabeth para Carradale. Recebi a resposta afirmativa com muito alívio, porque era inconcebível que minha irmã pudesse pensar em se estabelecer na Dinamarca após duas semanas em uma extravagante casa de campo.

Dick Mitchison subiu no ônibus de Campbelltown no desvio para Carradale, para nos acompanhar pelos trinta quilômetros finais até a pequena vila pesqueira escocesa, onde ele e Naomi viviam nos últimos vinte anos. O jantar ainda estava sendo servido quando surgimos de uma passagem de pedra, que ligava a sala de armas a várias despensas, em uma sala de jantar dominada por conversas penetrantes. O irmão zoólogo de Av, Murdoch, já tinha chegado e gostava de encurralar as pessoas para falar sobre como as células se dividem. Com maior frequência, o tema era política e a embaraçosa Guerra Fria, inventada por americanos paranoicos, que deveriam voltar para os escritórios de advocacia de cidades do meio-oeste.

Na manhã seguinte, percebi que a melhor maneira de não me sentir terrivelmente gelado era permanecer na cama ou, quando isso se provasse impossível, sair andando, a não ser que chovesse a cântaros. Durante as tardes, Dick estava sempre buscando conseguir alguém para atirar em pombos, mas, após uma tentativa, quando disparei a arma depois que os pombos já tinham saído do campo de visão, passei a ficar deitado o mais perto possível da lareira na sala de visitas. Havia também a agradável distração de ir à biblioteca jogar pingue-pongue embaixo das austeras pinturas de Naomi e seus filhos, assinadas por Wyndham Lewis.

Mais de uma semana se passou antes que eu compreendesse que uma família com inclinações de esquerda poderia se aborrecer com o modo como seus convidados se vestiam. Naomi e muitas das mulheres se arrumavam para o jantar, mas critiquei esse comportamento extravagante como sinal de aproximação da velhice. Nunca me ocorreu que minha própria aparência fosse notada, porque meu cabelo estava começando a perder sua identidade americana. Odile ficou muito chocada quando Max me apresentou a ela em meu primeiro dia em Cambridge e, depois, disse a Francis que um americano calvo iria trabalhar no laboratório. A melhor maneira de corrigir a situação era não ir ao barbeiro até que me misturasse à cena de Cambridge. Apesar de minha irmã ter ficado chateada ao me ver, eu sabia que meses, se não anos, seriam necessários para substituir seus valores superficiais pelos de um intelectual inglês. Assim, Carradale foi o ambiente perfeito para dar um passo adiante e deixar a barba crescer. Reconheço que não gostava de sua cor avermelhada, mas fazer a barba com água gelada era uma agonia. Após uma semana de comentários ácidos de Val e Murdoch, junto com o esperado desgosto de minha irmã, apareci para o jantar com a cara novamente limpa. Quando Naomi fez uma observação lisonjeira sobre meu visual, soube que tinha tomado a decisão certa.

À noite não havia como evitar os jogos intelectuais, que davam maior vantagem para quem tinha amplo vocabulário. Toda vez que minha clara contribuição era lida, eu queria afundar na cadeira em vez de encarar os olhares condescendentes das mulheres Mitchison. Para meu alívio, o grande número de convidados não permitia que minha vez chegasse com frequência, e considerei sentar-me próximo à caixa de chocolates, esperando que ninguém percebesse que nunca a oferecia aos demais. Muito mais agradáveis eram as horas jogando "assassino" nos aposentos escuros dos pisos superiores. A mais cruel dos viciados em assassinatos era Lois, irmã de Av, que acabara de voltar de um ano como professora em Karachi e era firme defensora da hipocrisia dos indianos vegetarianos.

Praticamente desde o início de minha estada, eu sabia que me afastaria do espectro de esquerda de Naomi e Dick com a maior relutância. A perspectiva de almoço com a sidra alcoólica inglesa mais do que compensava o hábito de deixar as portas externas abertas para os ventos do oeste. Minha partida, três dias após o Ano-novo, havia sido determinada pelos planos de Murdoch, para que eu falasse em um encontro da Sociedade de Biologia Experimental, em Londres. Dois dias antes do esperado para minha partida, houve uma nevasca pesada que conferiu àquele pântano infrutífero a aparência de montanhas antárticas. Era a ocasião perfeita para uma longa caminhada vespertina ao longo da Campbelltown Road fechada, com Av falando sobre os experimentos da sua tese sobre o transplante da imunidade, enquanto eu pensava na possibilidade de que a estrada pudesse permanecer intransitável até o dia previsto para minha saída. As condições meteorológicas não estavam do meu lado, entretanto, porque um grupo da casa pegou o vapor Clyde, na Tarbert, e, na manhã seguinte, estávamos em Londres.

Ao retornar a Cambridge, esperava ouvir notícias dos Estados Unidos sobre minha bolsa, mas não havia um comunicado oficial à minha espera. Como Luria me escrevera em novembro para dizer que não me preocupasse, a ausência de notícias sólidas a essa altura parecia agourenta. Aparentemente, nenhuma decisão havia sido tomada e deveria esperar o pior. A demissão, entretanto, seria no máximo irritante. John e Max me garantiram que um pequeno salário inglês poderia ser arranjado caso eu fosse completamente dispensado. O suspense acabou apenas no fim de janeiro, com a chegada de uma carta de Washington: eu estava despedido. A carta citava a seção da concessão da bolsa que dizia que ela era válida apenas para trabalho na instituição designada. Minha violação dessa cláusula não lhes dera escolha a não ser revogar a concessão.

O segundo parágrafo informava que havia ganhado uma bolsa totalmente nova. No entanto, não seria dispensado, permanecendo na incerteza por um longo período. A segunda bolsa não era para o período habitual de doze meses, mas acabava explicitamente após oito meses, em meados de maio. Meu real castigo por não seguir a recomendação do Conselho e ir para Estocolmo foi de mil dólares. Àquela altura, era praticamente impossível obter qualquer ajuda que pudesse começar antes do novo ano escolar, em setembro. Naturalmente, aceitei a bolsa de estudos. Dois mil dólares não eram para se jogar fora.

Menos de uma semana depois, uma nova carta chegou de Washington, assinada pelo mesmo homem, mas não como chefe do departamento de bolsistas. O título que ele exibia agora era o de presidente de um comitê do Conselho Nacional de Pesquisa. Havia um encontro planejado, no qual eu fora convidado para dar uma palestra sobre o aumento das viroses. O seminário, em Williamstown, era em meados de junho, apenas um mês depois de minha bolsa expirar. Eu, é claro, não tinha a menor intenção de partir em junho nem em setembro. O único problema era como formular uma resposta. Meu primeiro impulso foi escrever que não poderia ir por causa de um desastre financeiro imprevisto. Mas, pensando bem, fui contra lhe dar a satisfação de pensar que tinha abalado minhas finanças. Uma carta seguiu dizendo que eu achava Cambridge intelectualmente muito instigante e, por isso, não planejava ir para os Estados Unidos em junho.

16

Decidi passar o tempo trabalhando no vírus do mosaico do tabaco (TMV, na sigla em inglês). Um componente vital do TMV era o ácido nucleico, por isso ele era a fachada perfeita para disfarçar meu interesse permanente no DNA. Sabia-se que o componente de ácido nucleico não era DNA, mas uma segunda forma de ácido nucleico conhecida como ácido ribonucleico (RNA). A diferença era uma vantagem, entretanto, porque Maurice não poderia reivindicar para si a descoberta do RNA. Se nós desvendássemos o RNA, poderíamos descobrir o caminho para o DNA. Por outro lado, acreditava-se que o TMV tinha um peso molecular de 40 milhões e, em uma primeira consideração, poderia ser assustadoramente mais difícil de entender do que as moléculas muito menores de mioglobina e hemoglobina, nas quais John e Max trabalhavam havia anos sem respostas biologicamente interessantes.

Além do mais, o TMV já havia sido previamente observado através de raios X por J.D. Bernal e I. Fankucken. Isso, por si só, era assustador, porque a capacidade do cérebro de Bernal era lendária e eu jamais esperaria ter a mesma compreensão da teoria cristalográfica. Eu era incapaz até de entender grandes trechos do clássico artigo que eles publicaram, logo após o início da guerra, no *Journal of General Physiology*. Era um lugar estranho para publicá-lo, mas Bernal estava absorto nos esforços de guerra, e Fankucken, na época de volta aos Estados Unidos, decidira colocar os dados em um periódico lido por pessoas interessadas em vírus. Depois da guerra, Fankucken perdeu o interesse nos vírus e, apesar de Bernal ter se envolvido superficialmente com cristalografia de proteínas, estava mais preocupado em manter boas relações com os países comunistas.

Apesar de as bases teóricas para muitas de suas conclusões serem instáveis, a lição de casa era óbvia. O TMV era construído por um número maior de subunidades idênticas. Eles não sabiam como as subunidades se arranjavam. Além disso, 1939 ainda era cedo demais para se entender o fato de que os componentes das proteínas e do RNA pudessem ser construídos sobre linhas radicalmente diferentes. Nesse momento, entretanto, era mais fácil imaginar subunidades proteicas em grande número. Exatamente o oposto era verdade para o RNA. A divisão do componente do RNA em um grande número de subunidades produziria cadeias polinucleotídicas muito pequenas para carregar a informação genética que Francis e eu acreditávamos que residia no RNA viral. A hipótese mais plausível para a estrutura do TMV era um núcleo central de RNA rodeado por um grande número de pequenas subunidades idênticas de proteína.

De fato, já havia evidências bioquímicas dos blocos que formam as proteínas. Experiências do alemão Gerhard Schramm, publicadas pela primeira vez em 1944, relataram que partículas de TMV em solução alcalina branda se desintegravam em RNA livre e em um grande número de moléculas de proteína semelhantes, se não idênticas. Entretanto, praticamente ninguém fora da Alemanha pensava que a história de Schramm estivesse correta. Isso se devia à guerra. Era inconcebível para a maioria das pessoas que as bestas germânicas permitissem que experiências extensivas referentes às suas afirmações fossem rotineiramente executadas durante os últimos anos de uma guerra que eles estavam perdendo tão feio. Era muito fácil imaginar que o trabalho tivesse apoio direto dos nazistas e que suas experiências fossem analisadas de modo incorreto. Perder tempo para contradizer Schramm não era do agrado da maioria dos bioquímicos. Enquanto lia o artigo de Bernal, no entanto, subitamente me tornei entusiasta de Schramm, pois, se havia interpretado equivocadamente os dados, ele tinha chegado, por acaso, à resposta certa.

Era concebível que algumas imagens radiográficas adicionais mostrassem como as subunidades proteicas se organizavam. Principalmente se elas fossem empilhadas helicoidalmente. Entusiasmado, surrupiei o artigo de Bernal e Fankucken da Philosophical Library e o levei para o laboratório, para que Francis pudesse inspecionar a imagem radiográfica do TMV. Ao ver as áreas em branco que caracterizam padrões helicoidais, ele partiu para a ação, revelando rapidamente diversas estruturas helicoidais possíveis para o TMV. Desse momento em diante, eu soube que não poderia mais evitar entender com clareza a teoria helicoidal. Esperar que Francis tivesse tempo para me ajudar me livraria de ter de dominar a matemática, mas ao custo de ficar parado se ele estivesse fora da sala. Felizmente, somente uma olhada superficial era necessária para ver por que a imagem radiográfica do TMV sugeria uma hélice com um giro a cada 23 Å ao longo do eixo helicoidal. As regras eram, de fato, tão simples que Francis considerou escrevê-las sob o título de "Transformadas de Fourier para o observador de pássaros".

Nesse momento, entretanto, Francis não se encarregou disso, e, nos dias subsequentes, mantive que a evidência de uma hélice no TMV era apenas moderada. Meu moral caiu automaticamente até me deparar com a explicação óbvia do porquê de as subunidades terem de se organizar helicoidalmente. Em um momento de tédio pós-jantar, li uma discussão da Sociedade Faraday sobre "A Estrutura dos Metais". Ela continha uma engenhosa teoria do teórico F.C. Frank sobre como os cristais se desenvolvem. Toda vez que os cálculos eram feitos de modo apropriado, surgia a resposta paradoxal de que os cristais não podiam crescer nem um pouco próximo das taxas observadas. Frank viu que o paradoxo se desvanecia se os cristais não fossem regulares como se suspeitava, mas contivessem deslocamentos que resultassem na presença constante de cantos acolhedores nos quais novas moléculas pudessem se encaixar.

Muitos dias depois, no ônibus para Oxford, percebi que cada partícula de TMV poderia ser pensada como um pequenino cristal, crescendo como outros cristais, por terem cantos acolhedores. Mais importante, a maneira mais simples de gerar cantos acolhedores era ter as subunidades organizadas helicoidalmente. A ideia era tão simples que tinha de estar certa. Cada escada helicoidal que vi naquele fim de semana em Oxford me deixou mais confiante de que outras estruturas biológicas também teriam simetria espiralada. Por mais de uma semana, observei atentamente imagens micrográficas de músculos e fibras de colágeno, à procura de pistas de hélices. Francis, no entanto, continuou morno, e, na ausência de fatos sólidos, eu sabia que era inútil tentar trazê-lo para perto.

Hugh Huxley veio ao meu resgate, oferecendo-se para me ensinar a configurar a câmera radiográfica para fotografar o TMV. O modo de descobrir uma hélice era por meio da inclinação da amostra orientada de TMV em diversos ângulos no feixe de raios X. Fankucken não o fizera, porque, antes da guerra, ninguém levava as hélices a sério. Fui, então, até Roy Markham para ver se não havia nenhum TMV sobrando à mão. Markham trabalhava no Instituto Molteno, que, diferentemente de todos os outros laboratórios de Cambridge, era bem aquecido. A situação incomum era decorrência da asma de David Keiling, o "Professor Veloz" e diretor do Molteno. Sempre recebi bem uma desculpa quando a temperatura chegava a vinte e um graus, ainda que nunca tivesse certeza sobre quando Markham começaria a conversa dizendo como minha aparência era ruim e sugerindo que, se tivesse sido criado com cerveja inglesa, eu não estaria naquele estado lamentável. Dessa vez, ele foi inesperadamente compreensivo e me doou alguns vírus sem hesitar. A ideia de que Francis e eu sujaríamos as mãos com experiências me proporcionou uma alegria indisfarçável.

Minhas primeiras imagens radiográficas revelaram, como era previsível, muito menos detalhes do que os encontrados nas imagens publicadas. Foi necessário mais de um mês até que eu pudesse obter imagens razoavelmente apresentáveis. No entanto, ainda faltava um longo caminho para elas serem boas o suficiente para revelar uma hélice.

A única diversão real no mês de fevereiro foi uma festa à fantasia oferecida por Geoffrey Roughton na casa de seus pais, na Adams Road. Surpreendentemente, Francis não quis ir, apesar de Geoffrey conhecer muitas garotas bonitas e de dizerem que ele era capaz de escrever poesia, embora usasse um brinco. Odile, entretanto, não queria faltar, por isso a acompanhei, depois de alugar uma farda de soldado da Restauração. No momento em que atravessamos a porta em direção à multidão de dançarinos meio bêbados, descobrimos que a noite seria um sucesso esmagador, já que, aparentemente, metade das garotas *au pair* atraentes de Cambridge estava lá.

Uma semana depois, houve um baile tropical, ao qual Odile queria muito ir, tanto porque ela havia feito a decoração como porque ele era financiado por negros. Francis se opôs de novo, dessa vez sabiamente. O salão de dança estava meio vazio e, mesmo após muitos drinques, não gostei de dançar desajeitadamente à vista de todos. Mais relevante era que Linus Pauling viria para Londres em maio para um encontro organizado pela Royal Society sobre a estrutura das proteínas. Era impossível saber qual seria seu próximo alvo. A possibilidade de ele pedir para visitar o King's era particularmente desencorajadora.

17

No entanto, Linus foi impedido de descer em Londres. Sua viagem terminou abruptamente em Idlewild, com o passaporte retido. O Departamento de Estado não queria encrenqueiros como Pauling perambulando pelo mundo, dizendo coisas desagradáveis sobre a política de ex-banqueiros de investimentos que continha hordas de comunistas ateus. O fracasso em conter Pauling podia resultar em uma coletiva de imprensa, em Londres, com Linus falando detalhadamente sobre coexistência pacífica. A posição de Acheson já era irritante o suficiente, sem dar a McCarthy a oportunidade de anunciar que nosso governo deixava radicais protegidos por passaportes americanos contrariarem o modo de vida americano.

Francis e eu já estávamos em Londres quando o escândalo chegou à Royal Society. A reação foi de quase total incredulidade. Era muito mais tranquilizador imaginar que Linus tivesse adoecido no avião para Nova York. O fracasso em deixar que um dos principais cientistas do mundo comparecesse a uma reunião apolítica seria algo esperado dos russos. Um russo de primeiro time poderia facilmente escapar para o Ocidente, bem mais opulento. Não havia perigo, no entanto, de que Linus quisesse fugir. Ele e sua família estavam completamente satisfeitos na Caltech.

Muitos membros do conselho de gestão da Caltech, entretanto, teriam adorado sua partida voluntária. Todas as vezes que pegavam um jornal e se deparavam com a imagem de

Pauling entre os patrocinadores da Conferência Mundial pela Paz, eles espumavam de ódio, desejando que houvesse um modo de libertar o sul da Califórnia de seu charme mortal. Mas Linus sabia que não deveria esperar mais que uma raiva confusa dos californianos que ficaram milionários à custa do próprio esforço, e cujo conhecimento de política externa era formado, em grande medida, pelo *Los Angeles Times*.

O fiasco não surpreendeu muitos de nós que havíamos acabado de estar em Oxford para um encontro da Society of General Microbiology sobre "A natureza da multiplicação viral". Luria teria sido um dos principais palestrantes. Duas semanas antes do voo para Londres, avisaram-no de que não conseguiria um passaporte. Como sempre, o Departamento de Estado não fora claro sobre o que considerava um problema.

A ausência de Luria me obrigou a ter o trabalho de descrever os experimentos recentes dos americanos que estudavam bacteriófagos. Não era preciso elaborar uma apresentação. Dias antes do encontro, Al Hershey me enviou uma longa carta de Cold Spring Harbor, resumindo os experimentos concluídos recentemente, por meio das quais ele e Martha Chase estabeleceram que uma característica-chave da infecção de uma bactéria por um bacteriófago era a injeção do DNA viral na bactéria hospedeira. O mais importante é que muito pouca proteína entrava na bactéria. O experimento era uma nova e poderosa prova de que o DNA era o material genético primário.

Todavia, quase ninguém na plateia de mais de quatrocentos microbiologistas parecia interessado enquanto eu lia longos trechos da carta de Hershey. Exceções óbvias eram André Lwoff, Seymour Benzer e Gunther Stent, todos recém-chegados de Paris. Eles sabiam que as experiências de Hershey não eram triviais e que, a partir delas, todos dariam mais ênfase ao DNA. Para a maioria dos espectadores, entretanto, o nome de Hershey não tinha peso. Além disso, quando souberam que eu era americano, meu cabelo comprido não passou confiança, desacreditando meu julgamento científico, que talvez fosse tão ruim quanto o cabelo.

Os virologistas de plantas ingleses F.C. Bawden e N.W. Pirie dominaram o encontro. Ninguém podia igualar a erudição suave de Bawden nem o niilismo absoluto de Pirie, que rejeitava fortemente a noção de que alguns fagos tinham caudas ou que o TMV tinha um comprimento fixo. Quando tentei pressionar Pirie acerca das experiências de Schramm, ele disse que deveriam ser descartadas, e, assim, recuei para o ponto politicamente menos controverso que discute se há importância biológica no comprimento de 3.000 Å de muitas partículas de TMV. A ideia de que uma resposta simples seria preferível não atraiu Pirie, que sabia que os vírus eram muito grandes para terem estruturas bem definidas.

Se não fosse pela presença de Lwoff, o encontro teria sido um fracasso completo. André era muito sensível quanto ao papel dos metais divalentes na multiplicação dos fagos e, portanto, foi receptivo à minha teoria de que íons eram decisivamente importantes para estruturas ácido-nucleicas. Sua intuição de que íons específicos poderiam ser a chave para a cópia exata de macromoléculas ou para a atração entre cromossomos similares era especialmente intrigante. Porém não havia meio de testar nossos sonhos, a não ser que Rosy desistisse da sua determinação de se apoiar totalmente em técnicas clássicas de difração radiográfica.

No encontro da Royal Society, não houve indícios de que alguém do King's tivesse mencionado íons desde o confronto com Francis e comigo no início de dezembro. Ao pressionar Maurice, soube que os suportes para os modelos moleculares não foram tocados depois de terem chegado ao laboratório. Ainda não era hora de pressionar Rosy e Gosling sobre a construção de modelos. A desavença entre Maurice e Rosy estava, no mínimo, mais amarga do que antes da visita a Cambridge. Agora, ela insistia que seus dados mostravam que o DNA *não* era uma hélice. Em vez de construir modelos helicoidais sob o comando de Maurice, ela seria capaz de torcer os modelos de fios de cobre em torno do pescoço dele.

Quando Maurice perguntou se precisávamos dos modelos de volta em Cambridge, dissemos que sim, meio que sugerindo que mais átomos de carbono seriam necessários para fazer modelos que mostrassem como cadeias polipeptídicas se dobravam. Para meu alívio, Maurice estava muito aberto sobre o que não estava acontecendo no King's. O fato de eu estar fazendo um trabalho radiográfico sério com TMV lhe deu a segurança de que não me preocuparia tão cedo com o padrão do DNA.

18

Maurice não suspeitava que eu conseguiria descobrir quase imediatamente o padrão radiográfico necessário para provar que o TMV era helicoidal. Meu sucesso inesperado veio quando usei um poderoso tubo de raios X com anodo rotativo, que acabara de ser construído no Cavendish. O supertubo me permitiu tirar fotos vinte vezes mais rápido do que o equipamento convencional. Em uma semana, mais que dobrei o número de imagens do TMV.

As portas do Cavendish eram trancadas às 22h. Apesar de o porteiro ter um apartamento ao lado da entrada, ninguém o perturbava após o horário de fechamento. Rutherford preferia não incentivar os alunos a trabalharem no período noturno, já que as noites de verão eram mais apropriadas para jogar tênis. Mesmo quinze anos após a sua morte, havia apenas uma chave disponível para aqueles que preferiam trabalhar até tarde. Hugh Huxley rechaçava tal conduta, argumentando que as fibras musculares eram vivas e, portanto, não estavam sujeitas a regras para os físicos. Quando necessário, ele me emprestava a chave ou descia a escadaria para destrancar as pesadas portas que davam para a Free School Lane.

Hugh não estava no laboratório quando, bem tarde, numa noite de junho, já no meio do verão, voltei para desligar o tubo de raios X e revelar a fotografia de uma nova amostra de TMV. Ele estava inclinado a cerca de 25 graus, então, se tivesse sorte, eu encontraria os reflexos helicoidais. No momento em que segurei os negativos ainda úmidos contra a caixa de luz, sabia que tínhamos conseguido. As evidências representadas pelas marcas helicoidais eram inconfundíveis. Agora, não haveria mais problema em convencer Luria e Delbrück de que minha estadia em Cambridge fazia sentido. Apesar de ser meia-noite, não queria voltar para o meu quarto na Tennis Court Road e caminhei alegremente ao longo do Backs por mais de uma hora.

Na manhã seguinte, esperei ansiosamente a chegada de Francis para confirmar o diagnóstico helicoidal. Ele precisou de menos de dez segundos para reconhecer o reflexo crucial. Nesse momento, todas as dúvidas que ainda me restavam desapareceram. Por diversão, fiz Francis acreditar que eu não achava que minha imagem radiográfica era, de fato, muito crítica. Em vez disso, argumentei que o passo verdadeiramente importante era desvendar o canto acolhedor. Essas palavras frívolas mal tinham saído da minha boca quando Francis começou a discorrer sobre os perigos da teleologia acrítica. Ele sempre dizia o que queria e presumia que eu agia da mesma maneira. Apesar de o sucesso nas conversas de Cambridge vir frequentemente de dizer algo absurdo, esperando que alguém leve a sério, Francis não precisava adotar essa estratégia. Um discurso de um ou dois minutos sobre problemas emocionais das garotas estrangeiras era sempre suficientemente estimulante, mesmo para a noite mais sóbria de Cambridge.

Nossa próxima conquista era evidente. Novos dividendos do TMV não viriam a curto prazo. Revelações extras de sua estrutura detalhada demandavam uma investida mais profissional do que eu era capaz de arregimentar. Além do mais, não era óbvio que mesmo o esforço mais exaustivo levasse, em alguns anos, à estrutura do componente do RNA. O caminho para o DNA não passava pelo TMV.

Assim, era o momento apropriado para pensar seriamente sobre algumas regularidades curiosas na química do DNA, observadas pela primeira vez em Columbia, pelo bioquímico austríaco Erwin Chargaff. Desde a guerra, Chargaff e seus alunos vinham analisando com esforço e cuidado extremos várias amostras de DNA, para desvendar as proporções relativas das bases de purinas e pirimidinas. Em todas as suas preparações de DNA, o número de moléculas de adenina (A) era muito similar ao número de moléculas de timina (T), enquanto o número de moléculas de guanina (G) era muito próximo do número de moléculas de citosina (C). Além disso, a proporção dos grupos de adenina e timina variava de acordo com a origem biológica. O DNA de alguns organismos tinha um excesso de A e T, enquanto que, em outras formas de vida, havia um excesso de G e C. Chargaff não ofereceu explicações para seus resultados notáveis, apesar de obviamente considerá-los significativos. Quando os mencionei para Francis pela primeira vez, a ficha não caiu, e ele seguiu pensando sobre outros assuntos.

Logo depois, entretanto, a suspeita de que as regularidades eram importantes produziu alguns estalos em sua cabeça, como resultado de uma série de conversas com o jovem químico teórico John Griffith. Um deles ocorreu quando tomavam cerveja após uma palestra noturna do astrônomo Tommy Gold sobre "o princípio cosmológico perfeito". A facilidade de Tommy para tornar plausível uma ideia não convencional fez Francis questionar se uma tese sobre "o princípio biológico perfeito" se sustentaria. Sabendo que Griffith estava interessado em esquemas teóricos para a replicação de genes, ele apareceu com a ideia de que o princípio biológico perfeito era a autorreplicação do gene – isto é, a capacidade de um gene ser copiado exatamente quando o número de cromossomos é duplicado, durante a divisão celular. Mas Griffith não cooperou, porque, durante meses, preferiu um esquema no qual a cópia dos genes se baseava na formação alternativa de superfícies complementares.

A hipótese não era original. Ela pairava havia quase trinta anos no círculo de geneticistas com um comprometimento mais teórico, intrigados com a duplicação dos genes. O raciocínio vigente era que a duplicação de genes demandava a formação de uma imagem complementar (negativa), na qual a forma estivesse relacionada à superfície original (positiva), como uma fechadura à chave. A imagem complementar negativa funcionaria, assim, como o molde para a síntese de uma nova imagem positiva. Um número menor de geneticistas, no entanto, se deteve ante a replicação complementar. Entre eles estava H.J. Muller, que se impressionara por que tantos físicos teóricos conhecidos, em especial Pascual Jordan, pensavam que existiam forças pelas quais semelhantes atraíam semelhantes. Mas Pauling detestava esse mecanismo direto e ficava especialmente irritado com a sugestão de que tinha o apoio da mecânica quântica. Pouco antes da guerra, ele pedira a Delbrück (que havia voltado sua atenção para os artigos de Jordan) que fosse coautor de uma nota para a *Science*, na qual afirmava com vigor que a mecânica quântica apoiava um mecanismo de duplicação de genes que envolvia a síntese de réplicas complementares.

Nem Francis nem Griffith ficaram satisfeitos por muito tempo, naquela noite, com a reafirmação de hipóteses desgastadas. Ambos sabiam que, naquele momento, era mais importante identificar as forças de atração. Nesse ponto, Francis afirmou com convicção que ligações de hidrogênio específicas não eram a resposta. Elas não podiam fornecer a especificidade exata necessária, porque nossos amigos químicos diziam repetidamente que os átomos de hidrogênio nas bases de purina e pirimidina não tinham posições fixas, mas se moviam aleatoriamente de um ponto a outro. Em vez disso, Francis acreditava que a replicação do DNA envolvia forças de atração específicas entre as superfícies planas das bases.

Por sorte, esse era o tipo de força que talvez Griffith soubesse calcular. Se o esquema complementar estivesse certo, ele poderia encontrar forças de atração entre bases de estruturas diferentes. Por outro lado, se a cópia direta existisse, seus cálculos revelariam atrações entre bases idênticas. Assim, eles se separaram deixando combinado que Griffith verificaria se os cálculos eram possíveis. Dias depois, quando se encontraram na fila do chá do Cavendish, Francis descobriu que um raciocínio não muito rigoroso sugeria que a adenina e a timina poderiam se fixar uma na outra pelas superfícies planas. Uma tese similar poderia ser considerada para as forças de atração entre a guanina e a citosina.

Francis percebeu a resposta imediatamente. Se sua memória estivesse boa, esses eram os pares de bases que Chargaff demonstrara que ocorriam em quantidades iguais. Animado, contou para Griffith que eu lhe apresentara recentemente alguns resultados estranhos de Chargaff. Na hora, entretanto, ele não tinha certeza de que os mesmos pares de bases estariam envolvidos. Mas, assim que os dados fossem verificados, passaria na sala de Griffith para corrigi-los.

No almoço, confirmei que Francis havia compreendido corretamente os resultados de Chargaff. Mas, nessa hora, ele mostrava apenas o entusiasmo habitual enquanto examinava as teses de mecânica quântica de Griffith. De sua parte, Griffith, quando pressionado, não queria defender seu exato raciocínio com muita ênfase. Variáveis demais haviam sido ignoradas para tornar os cálculos possíveis em um tempo razoável. Além disso, apesar de cada base ter dois lados planos, não havia explicação para o fato de que apenas um lado fosse escolhido. E não havia razão para excluir a ideia de que as regularidades de Chargaff tivessem origem no código genético. De alguma forma, grupos específicos de nucleotídeos deveriam codificar aminoácidos específicos. Era concebível que a adenina se igualasse à timina devido a um fator ainda não descoberto no ordenamento das bases. Havia também a garantia de Roy Markham de que, se Chargaff dissera que a guanina se igualava à citosina, ele estava igualmente certo de que não. Aos olhos de Markham, os métodos experimentais de Chargaff subestimavam inevitavelmente a quantidade real de citosina.

Entretanto, Francis ainda não estava pronto para descartar o esquema de Griffith quando, no início de julho, John Kendrew entrou no nosso recém-adquirido escritório para dizer que o próprio Chargaff viria a Cambridge por uma noite. John havia marcado um jantar para ele no Peterhouse, e Francis e eu fomos convidados a encontrá-los mais tarde, para tomar um drinque na sala de John. Na High Table, John manteve a conversa longe de temas sérios, deixando escapar apenas a possibilidade de que Francis e eu fôssemos elucidar a estrutura do DNA por meio da construção de modelos. Chargaff, como um dos especialistas mundiais em DNA, a princípio não se encantou com os azarões que tentavam ganhar a corrida. Somente quando John o tranquilizou, mencionando que eu não era um americano típico, ele percebeu que estava prestes a ouvir um maluco. Quando me viu, sua intuição ficou ainda mais forte. Ele ridicularizou imediatamente meu cabelo e meu sotaque, pois, como eu era de Chicago, não tinha como ser de outro jeito. Dizer com delicadeza que deixei o cabelo comprido para evitar uma confusão com a Força Aérea americana provou minha instabilidade mental.

O ponto alto do escárnio de Chargaff aconteceu quando fez Francis admitir que não lembrava quais eram as diferenças químicas entre as quatro bases. O *faux pas* escapou quando Francis mencionou os cálculos de Griffith. Sem lembrar quais bases tinham grupos de aminoácidos, ele não podia descrever qualitativamente a tese de mecânica quântica, até pedir a Chargaff para escrever suas fórmulas. A réplica de Francis, que sempre poderia pesquisá-las, não convenceu Chargaff de que sabíamos para onde estávamos indo ou como chegaríamos lá.

Mas, não obstante o que passava pela cabeça sarcástica de Chargaff, alguém tinha de explicar seus resultados. Na tarde seguinte, Francis voou para a sala de Griffith, no Trinity, para se certificar dos dados sobre o emparelhamento de bases. Ao ouvir "Entre", abriu a porta, encontrando Griffith e uma garota. Ao perceber que não era hora para ciência, recuou lentamente, pedindo a Griffith para lhe dizer novamente quais eram os pares gerados por seus cálculos. Após anotá-los no verso de um envelope, ele saiu. Como eu partira naquela manhã para o continente, sua próxima parada foi a Philosophical Library, onde poderia sanar as dúvidas pendentes sobre os dados de Chargaff. Com os dois grupos de informação nas mãos, considerou voltar no dia seguinte à sala de Griffith. Mas, pensando melhor, percebeu que os interesses de Griffith estavam em outro lugar. Era muito claro que a presença de garotas atraentes não levava inevitavelmente a um futuro científico.

19

Duas semanas depois, Chargaff e eu nos vimos em Paris. Estávamos lá para o Congresso Internacional de Bioquímica. Todo o reconhecimento que obtive quando nos cruzamos no pátio, ao lado da imponente Salle Richelieu da Sorbonne, foi um traço de sorriso sardônico. Naquele dia, eu estava perseguindo Max Delbrück. Antes que eu deixasse Copenhague em direção a Cambridge, ele me oferecera um cargo de pesquisa no departamento de biologia da Caltech e conseguira uma bolsa de estudos na Fundação Pólio, com início em setembro de 1952. Em março, porém, eu havia escrito para Delbrück dizendo que queria mais um ano em Cambridge. Sem nenhuma hesitação, ele providenciou para que a minha bolsa seguinte fosse transferida para o Cavendish. A rapidez da aprovação de Delbrück me deixou satisfeito, porque ele tinha sentimentos ambivalentes em relação ao valor fundamental para a biologia dos estudos estruturais à moda de Pauling.

Com a imagem helicoidal do TMV no bolso, fiquei mais confiante de que Delbrück finalmente aprovaria de corpo e alma minha estima por Cambridge. Uma conversa de poucos minutos, entretanto, não revelou nenhuma mudança básica em seu ponto de vista. Ele quase não fez comentários enquanto eu explicava como o TMV fora elucidado. A mesma resposta indiferente acompanhou meu resumo apressado de nossas tentativas para obter o DNA por meio da construção de modelos. Delbrück só reagiu à minha observação de que

Francis era extremamente brilhante. Infelizmente, continuei comparando o modo de pensar de Francis ao de Pauling. Mas, no mundo de Delbrück, nenhum pensamento químico se equiparava ao poder de um cruzamento genético. Mais tarde naquela noite, quando o geneticista Boris Ephrussi mencionou meu caso de amor com Cambridge, Delbrück ergueu as mãos em sinal de desgosto.

A sensação do encontro foi a presença inesperada de Linus. Possivelmente devido a um intenso jogo midiático em torno da apreensão de seu passaporte, o Departamento de Estado voltara atrás e permitira que Linus exibisse a α-hélice. Rapidamente, organizou-se uma palestra para a sessão na qual Perutz falou. Apesar da pouca antecedência, uma multidão estava presente, esperando ser a primeira a ficar sabendo de uma nova inspiração. O discurso de Pauling, entretanto, foi apenas uma reunião engraçada de ideias já publicadas. Apesar disso, deixou todos satisfeitos, com exceção dos poucos de nós que conhecíamos seus artigos recentes de trás para a frente. Não houve novas explosões de fogos de artifício nem qualquer indicação do que ocupava sua mente. Depois da palestra, um enxame de admiradores o cercou, e não tive coragem de interrompê-los antes que ele e sua esposa, Ava Helen, voltassem ao Hotel Trianon, ali perto.

Maurice estava por perto, aparentando certa acidez. Ele fizera uma parada, a caminho do Brasil, onde passaria um mês lecionando biofísica. Sua presença me surpreendeu, porque não era do seu feitio enfrentar o trauma de assistir a um bando de 2 mil bioquímicos assalariados entrando e saindo de salas de palestras barrocas mal iluminadas. Falando em voz baixa, ele perguntou se eu achava as palestras tão tediosas quanto ele.

Poucos acadêmicos, como Jacques Monod e Sol Spiegelman, eram palestrantes entusiasmados, mas as falas, em geral, eram tão monótonas que ele achava difícil se manter alerta para as novidades que deveria apreender.

Tentei resgatar o moral de Maurice levando-o à Abadia de Royaumont para um encontro de uma semana sobre bacteriófagos, que se seguiria ao congresso de bioquímica. Apesar de sua partida para o Rio limitá-lo à estadia de apenas uma noite, ele gostou da ideia de encontrar pessoas que fizeram experimentos biológicos inteligentes sobre o DNA. No trem para Royaumont, entretanto, ele estava pálido, sem dar nenhuma indicação de querer ler o *Times* ou me ouvir fofocar sobre o grupo de fagos. Depois de nos instalarmos nos quartos de pé-direito alto do mosteiro cisterciense parcialmente restaurado, comecei a conversar com alguns amigos que não via desde que deixara os Estados Unidos. Depois, fiquei esperando Maurice me encontrar, e, quando ele perdeu o jantar, subi até seu quarto. Lá, encontrei-o deitado de bruços, escondendo o rosto da luz suave que acendi. Algo que comera em Paris não caíra bem, mas ele disse para eu não me preocupar. Na manhã seguinte, me entregaram um bilhete em que ele dizia que se recuperara, mas tivera de pegar o trem cedo para Paris, e se desculpava pelo transtorno causado.

Mais tarde naquela manhã, Lwoff mencionou que Pauling viria por algumas horas no dia seguinte. Comecei a pensar imediatamente em maneiras de me sentar perto dele no almoço. A visita, entretanto, não tinha relação com ciência. Jeffries Wyman, nosso agente científico em Paris e um conhecido de Pauling, pensou que Linus e Ava Helen iriam gostar do charme austero dos edifícios do século XIII. Durante um intervalo na sessão matinal, vi o rosto ossudo e aristocrático de Wyman em busca de André Lwoff. Os Pauling estavam lá e logo começaram a conversar com os Delbrück. Tive Linus para mim rapidamente após Delbrück mencionar que, doze meses depois, eu iria para a Caltech. Nossa conversa se centrou na possibilidade de eu continuar o trabalho radiográfico com vírus em Pasadena. Praticamente nenhuma palavra foi dita sobre o DNA. Quando mencionei as imagens de raios X do King's, Linus disse que um trabalho radiográfico bem preciso, como o feito por seus companheiros com os aminoácidos, era vital para nossa eventual compreensão dos ácidos nucleicos.

Fui muito além com Ava Helen. Ao saber que eu poderia estar em Cambridge no ano seguinte, ela falou sobre seu filho Peter. Eu já sabia que Peter fora aceito por Bragg para trabalhar em um PhD com John Kendrew, apesar de suas notas na Caltech terem deixado muito a desejar, mesmo considerando seu longo período com mononucleose. John, no entanto, não queria desafiar o desejo de Linus de colocar o filho para estudar com ele, especialmente sabendo que Peter e sua bela irmã loira davam festas estonteantes. Peter e Linda, se ela fosse visitá-lo, iriam animar a cena de Cambridge. O sonho de quase todo aluno de química da Caltech era que Linda fizesse sua reputação casando-se com ele. Os rumores sobre Peter se centravam em garotas e eram confusos. Mas agora Ava Helen me dizia que Peter era um rapaz excepcionalmente agradável, que todos gostariam de ter por perto, assim como ela. No entanto, continuei convencido, em silêncio, de que Peter não acrescentaria tanto ao nosso laboratório quanto Linda. Quando Linus fez um gesto de que eles precisavam ir, eu disse a Ava Helen que ajudaria seu filho a se adaptar à vida restrita dos alunos pesquisadores de Cambridge.

Uma festa no jardim de Sans Souci, a casa de campo da baronesa Edmond de Rothschild, levou o encontro efetivamente ao fim. Escolher uma roupa não era assunto fácil para mim. Pouco antes do congresso de bioquímica, todos os meus pertences foram roubados do meu compartimento no trem enquanto eu dormia. Exceto por poucos itens adquiridos em um brechó das Forças Armadas, as roupas que ainda tinha haviam sido escolhidas para uma visita subsequente aos Alpes italianos. Como me sentia confortável em dar uma palestra sobre TMV usando short, a comitiva francesa temia que eu desse um passo adiante e chegasse a Sans Souci com a mesma roupa. Um paletó e gravata emprestados, no entanto, me tornaram apresentável quando nosso motorista de ônibus nos deixou em frente à enorme casa de campo.

Sol Spiegelman e eu fomos direto até o garçom que servia salmão defumado e champanhe e, após alguns minutos, percebemos o valor da aristocracia bem-educada. Pouco antes de subirmos novamente no ônibus, vaguei pelo grande salão de estar, dominado por uma tela de Hals e outra de Rubens. A baronesa dizia a vários dos presentes como estava satisfeita por receber convidados tão distintos. Ela estava desapontada, no entanto, porque o inglês maluco de Cambridge havia decidido não vir e animar a festa. Fiquei perplexo por um momento, até perceber que Lwoff achara prudente avisar a baronesa sobre um convidado nu, que poderia se mostrar excêntrico. A mensagem do meu primeiro encontro com a aristocracia era clara. Eu não seria convidado novamente se agisse como todos os outros.

20

PARA DESÂNIMO DE FRANCIS, mostrei pouca propensão para me concentrar no DNA quando minhas férias de verão acabaram. Eu estava preocupado com sexo, mas não do tipo que precisa de incentivo. Os hábitos de reprodução sexual das bactérias eram um tema incomum – absolutamente ninguém do círculo social de Francis e Odile adivinharia que as bactérias tinham vida sexual. Por outro lado, era melhor deixar que mentes menores desvendassem como elas faziam isso. Rumores sobre bactérias fêmeas e machos corriam em Royaumont, mas, só no início de setembro, quando participei de um pequeno encontro sobre genética microbiana em Pallanza, tomei conhecimento dos fatos diretamente com os responsáveis. Lá, Cavalli-Sforza e Bill Hayes falaram sobre os experimentos por meio dos quais eles e Joshua Lederberg haviam acabado de estabelecer a existência de dois discretos sexos bacterianos.

A presença de Bill foi a surpresa do encontro: antes de sua apresentação, ninguém, exceto Cavalli-Sforza, sabia que ele existia. Assim que encerrou seu relato despretensioso, entretanto, todos na plateia souberam que uma bomba incrível explodira no mundo de Joshua Lederberg. Em 1946, Joshua, na época com vinte anos, surgira no mundo biológico ao anunciar que as bactérias se reproduziam sexualmente e mostravam recombinação genética. Desde então, conduzira uma quantidade tão espantosa de belos experimentos que quase ninguém, fora Cavalli, ousara trabalhar na mesma área. Ouvir

Joshua dar palestras rabelaisianas ininterruptas de três a cinco horas de duração deixou claro que ele era um *enfant terrible*. Além do mais, havia sua qualidade divina de aumentar de tamanho a cada ano, talvez para eventualmente preencher o universo.

Apesar da inteligência fabulosa de Joshua, a genética das bactérias se tornava mais confusa a cada ano. Somente ele se divertia com a complexidade rabínica que seus artigos recentes envolviam. Às vezes, eu tentava desvendar um deles, mas inevitavelmente empacava e o deixava de lado para o dia seguinte. Nenhuma inteligência superpoderosa era necessária, no entanto, para entender que a descoberta dos dois sexos logo tornaria a análise genética das bactérias mais simples. As conversas com Cavalli, no entanto, deram a entender que Joshua ainda não estava preparado para pensar na simplicidade. Ele gostava da hipótese genética clássica de que células macho e fêmea contribuíam com a mesma parcela de material genético, apesar de a análise resultante ser perversamente complexa. Em contraste, o raciocínio de Bill partia da hipótese aparentemente arbitrária de que apenas uma fração do material cromossômico masculino penetra na célula feminina. Considerando isso, o raciocínio seguinte era infinitamente mais simples.

Assim que retornei a Cambridge, segui direto para a biblioteca onde estavam os periódicos para os quais Joshua enviara seu trabalho recente. Para minha surpresa, compreendi quase todos os cruzamentos genéticos que antes eram desconcertantes. Alguns ainda eram inexplicáveis, mas, mesmo assim, a grande massa de dados que estava se encaixando em seus lugares me fez ter a certeza de que estávamos no caminho certo. Era especialmente agradável a possibilidade de que

Joshua estivesse tão preso ao seu modo clássico de pensar que eu seria capaz realizar a inacreditável façanha de superá-lo na interpretação correta de seus próprios experimentos.

Meu desejo de resolver as questões de Joshua deixou Francis quase gelado. A descoberta de que bactérias se dividiam entre o sexo masculino e o feminino o divertiu, mas não o encantou. Ele passara quase todo o verão coletando dados pretensiosos para sua tese e agora queria pensar em fatos importantes. A preocupação frívola a respeito de as bactérias terem um, dois ou três cromossomos não nos ajudaria a conquistar a estrutura do DNA. Desde que eu continuasse atento à literatura sobre o DNA, havia uma chance de que algo surgisse nas conversas durante o almoço ou na hora do chá. Mas, se me voltasse para a biologia pura, nossa pequena vantagem na largada em relação a Linus poderia desaparecer de repente.

A essa altura, ainda havia na mente de Francis uma sensação incômoda de que as regras de Chargaff eram a verdadeira chave. De fato, quando eu estava nos Alpes, ele passou uma semana tentando provar experimentalmente que havia forças de atração entre adenina e timina, e entre guanina e citosina, em soluções aquosas. Mas os esforços não renderam em nada. Além do mais, ele nunca ficava à vontade quando conversava com Griffith. De alguma forma, seus cérebros não se entendiam, e poderia haver pausas embaraçosamente longas depois de Francis destruir os méritos de uma dada hipótese. Isso não era razão, no entanto, para não contar a Maurice que era admissível que a adenina fosse atraída pela timina, e a guanina, pela citosina. Como teria de estar em Londres no fim de outubro por outro motivo, ele ligou para Maurice dizendo que poderia ir ao King's. A resposta, um convite para almoçar, foi inesperadamente animadora, e assim Francis passou a contar com uma discussão sensata a respeito do DNA.

Entretanto, ele cometeu o erro de não demonstrar muito interesse pelo DNA, começando a falar sobre proteínas. Assim, mais da metade do almoço fora desperdiçada quando Maurice mudou o tópico para Rosy e falou sem parar sobre a falta de cooperação que ela demonstrava. Enquanto isso, a mente de Francis se ateve a um tópico mais animado, até que, terminada a refeição, lembrou que tinha de correr para um encontro às 14h30. Francis deixou o prédio apressadamente e já estava na rua quando percebeu que não mencionara a concordância entre os cálculos de Griffith e os dados de Chargaff. Como pareceria muito tolo correr de volta para lá, ele seguiu em frente, retornando naquela noite para Cambridge. Na manhã seguinte, depois de me informar sobre a conversa fútil do almoço, Francis procurou se entusiasmar com nossa segunda tentativa de compreender a estrutura.

Recomeçar do zero com o DNA, entretanto, não fazia sentido para mim. Não havia nenhum fato recente que afugentasse o sabor amargo do fracasso do último inverno. O único resultado novo que provavelmente obteríamos antes do Natal era o conteúdo do metal divalente do DNA do fago T4. Um valor alto, se encontrado, sugeriria fortemente uma ligação entre Mg^{++} e o DNA. Com tal evidência, eu poderia ao menos forçar os grupos do King's a analisarem as amostras de DNA deles. Mas as perspectivas de resultados sólidos imediatos não eram boas. Primeiro, o colega de Maaløe, Nils Jerne, teria de enviar o fago de Copenhague. Depois, eu precisaria conseguir a medição precisa do conteúdo tanto dos metais divalentes quanto do DNA. Por fim, Rosy teria de se mexer.

Por sorte, Linus não parecia uma ameaça imediata na batalha do DNA. Peter Pauling trouxe a informação de bastidores de que seu pai estava preocupado com esquemas para a supertorção de α-hélices na proteína do cabelo, a queratina. Essa não era uma notícia especialmente boa para Francis. Por quase um ano, ele entrara e saíra de estados de euforia a respeito de como as α-hélices se juntavam em espirais. O problema é que a sua matemática nunca era sólida. Quando pressionado, admitia que seu raciocínio tinha um componente confuso. Agora, encarava a possibilidade de que a solução de Linus podia não ser a melhor e, ainda assim, ele levaria todo o crédito pelas espirais.

O trabalho experimental para sua tese foi interrompido a fim de que as equações das espirais pudessem ser retomadas com esforço redobrado. A essa altura, as equações corretas haviam sido prontamente explicadas, em parte graças à ajuda de Kreisel, que viera a Cambridge passar um fim de semana com Francis. Rapidamente, escreveu uma carta para a *Nature* e entregou-a a Bragg, para que a enviasse aos editores, junto com um bilhete, pedindo agilidade na publicação. Se dissesse aos editores que um artigo britânico despertava um interesse acima da média, tentariam publicá-lo quase imediatamente. Com sorte, as espirais de Francis seriam impressas tão logo ou mesmo antes que as de Pauling.

Crescia dentro e fora de Cambridge a aceitação de que o cérebro de Francis tinha um valor genuíno. Embora alguns dissidentes ainda pensassem que ele era uma máquina de falar e gargalhar, ele previa os problemas ao final do percurso. Um reflexo de sua importância crescente foi uma oferta recebida no início do outono para que se juntasse a David Harker no Brooklyn por um ano. Harker, que havia levantado um milhão de dólares para elucidar a estrutura da enzima ribonuclease, estava em busca de talento, e a proposta de 6 mil dólares por um ano parecera incrivelmente generosa a Odile. Como esperado, Francis tinha sentimentos ambivalentes. Devia haver razões para que existissem tantas piadas sobre o Brooklyn. Por outro lado, nunca havia visitado os Estados Unidos, e o Brooklyn poderia servir de base para ele conhecer regiões mais agradáveis. Também, se Bragg soubesse que Crick ficaria fora por um ano, poderia encarar de modo mais favorável um pedido de Max e John para que Francis fosse selecionado para mais três anos depois da apresentação de sua tese. O melhor caminho parecia ser aceitar provisoriamente a proposta, e, no meio de outubro, ele escreveu para Harker dizendo que iria para o Brooklyn no outono do ano seguinte.

Enquanto o outono passava, continuei preso nos cruzamentos bacterianos, indo com frequência a Londres para falar com Bill Hayes em seu laboratório do Hospital Hammersmith. Minha mente se voltava abruptamente para o DNA nas noites em que conseguia pegar Maurice para jantar no meu caminho de volta para Cambridge. Algumas tardes, no entanto, ele escapulia em silêncio, e a equipe do seu laboratório acreditava na existência de uma amiga especial. Finalmente, soube-se que estava tudo acima de qualquer suspeita. Ele passava as tardes em um ginásio, aprendendo esgrima.

A situação com Rosy continuou difícil, como sempre. Ao retornar do Brasil, a impressão óbvia era que ela considerava um trabalho em conjunto ainda mais impossível do que antes. Assim, para ajudar, Maurice se dedicara à microscopia de interferência para encontrar a solução para pesar cromossomos. A questão de conseguir um trabalho para Rosy em outro lugar foi levada a seu chefe, Randall, mas o melhor que se podia esperar era uma nova vaga com início dali a um ano. Despedi-la imediatamente com base em seu sorriso ácido não era possível. Além do mais, suas imagens radiográficas estavam cada vez mais bonitas. Ela não dava sinais, no entanto, de que gostasse um pouco mais de hélices. Além disso, Rosy acreditava que havia evidências de que o esqueleto açúcar-fosfato estivesse do lado de fora da molécula. Não havia um modo fácil de julgar se essa afirmação tinha alguma base científica. Enquanto Francis e eu continuássemos afastados dos dados experimentais, o melhor caminho era manter a mente aberta. Voltei, então, para meus pensamentos sobre sexo.

21

Eu morava agora no Clare College. Logo após minha chegada ao Cavendish, Max me infiltrara no Clare como aluno pesquisador. Embora iniciar outro PhD não fizesse sentido, somente com esse artifício eu teria a possibilidade de ficar em um quarto da faculdade. Clare foi uma escolha boa e inesperada. Não apenas estava em Cambridge, com um jardim perfeito, mas, como saberia depois, aquele era um local especialmente atencioso com os americanos.

Antes de isso acontecer, eu estava quase empacado em Jesus.* De início, Max e John pensaram que eu teria mais chance de ser aceito em uma faculdade menor, porque elas tinham menos alunos pesquisadores do que as maiores, mais prestigiadas e mais ricas, como Trinity e King's. Max perguntou ao físico Denis Wilkinson, na época bolsista de Jesus, se haveria uma vaga em sua faculdade. No dia seguinte, Denis veio dizer que Jesus me receberia e eu deveria marcar uma reunião para ficar a par das formalidades da matrícula.

Uma conversa com o tutor chefe, no entanto, me fez tentar outro lugar. O fato de Jesus ter poucos alunos pesquisadores parecia estar relacionado à sua reputação formidável no remo. Nenhum aluno podia morar lá, assim, a única consequência previsível de ser um homem de Jesus era ter que pagar contas para um PhD que eu nunca terminaria. Nick Hammond, o

---

*Jesus College. (N.T.)

tutor chefe do Clare, desenhou um cenário muito mais colorido para seus alunos pesquisadores estrangeiros. No meu segundo ano, poderia me mudar para a faculdade. Além do mais, no Clare, havia diversos pesquisadores americanos que eu poderia conhecer.

Apesar disso, durante meu primeiro ano em Cambridge, quando morava na Tennis Court Road com os Kendrew, não vi praticamente nada de vida universitária. Depois de matriculado, fiz diversas refeições no salão, até descobrir que era improvável conhecer alguém durante os dez ou doze minutos necessários para engolir a sopa marrom, a carne fibrosa e a sobremesa pesada oferecida na maioria das noites. Mesmo durante meu segundo ano em Cambridge, quando me mudei para um quarto na escadaria R do Clare's Memorial Court,* meu boicote à comida da faculdade continuou. Podia tomar café da manhã no Whim muito mais tarde do que se eu fosse ao salão. Por três shillings e seis pence, o Whim oferecia um lugar semiaquecido para ler o *Times*, enquanto tipos de boina viravam as páginas do *Telegraph* ou do *News Chronicle*. Encontrar comida decente para jantar na cidade era difícil. Comer no Arts ou no Hotel Bath era só para ocasiões especiais, portanto, quando Odile ou Elizabeth Kendrew não me convidavam para jantar, eu ficava com o veneno produzido pelos estabelecimentos indianos e cipriotas locais.

Meu estômago resistiu apenas até o início de novembro, quando dores violentas me atacavam quase todas as noites. Tratamentos alternativos com bicarbonato de sódio e leite não aju-

* Edifício do Clare College concebido como memorial para integrantes da faculdade mortos na Primeira Guerra Mundial. (N.T.)

daram, e, assim, apesar de Elizabeth ter certeza de que não havia nada errado comigo, fui ao consultório gelado de um médico local, na Trinity Street. Depois de me permitirem apreciar os remos expostos na parede, fui dispensado com uma prescrição de uma garrafa grande de um líquido branco, que devia ser tomado após as refeições. Isso me fez suportar as dores por quase duas semanas, quando, com a garrafa vazia, voltei ao consultório com medo de ter uma úlcera. A notícia de que as dores de estômago de um estrangeiro persistiam não evocou, entretanto, nenhuma palavra solidária, e, mais uma vez, voltei à Trinity Street com uma prescrição para mais um tanto da coisa branca.

Naquela noite, parei na recém-adquirida casa dos Crick, esperando que fofocar com Odile me fizesse esquecer o estômago. Green Door havia sido trocado recentemente por instalações maiores, próximas a Portugal Place. O papel de parede deprimente do apartamento anterior não existia mais, e Odile estava ocupada fazendo cortinas adequadas para uma casa grande o bastante para ter um banheiro. Depois que ela me deu um copo de leite morno, começamos a falar sobre a descoberta de Nina, a jovem dinamarquesa *au pair* de Max, por Peter Pauling. Em seguida, discutimos o problema de como eu poderia estabelecer uma ligação com a hospedaria de alto nível, comandada por Camille "Pop" Prior, no Scroop Terrace, nº 8. A comida na casa de Pop não era melhor em comparação à da faculdade, mas as garotas francesas que vinham a Cambridge para melhorar seu inglês eram outra questão. Um lugar na mesa de Pop, entretanto, não podia ser pedido diretamente. Em vez disso, tanto Odile quanto Francis achavam que a melhor tática para conseguir uma oportunidade de entrar lá seria começar a estudar francês com Pop, cujo falecido marido era professor de francês antes da guerra. Se caísse no gosto dela, poderia ser convidado para uma de suas festas regadas a sherry e encontrar a safra atual de garotas estrangeiras. Odile prometeu ligar para Pop, para ver se ela poderia me dar aula, e eu pedalei de volta para a faculdade com a esperança de que, logo, minhas dores teriam uma razão para desaparecer.

De volta ao quarto, acendi a lareira, sabendo que não havia chance de parar de soprar fumaça antes de ir para a cama. Com os dedos frios demais para escrever de modo legível, me aproximei da lareira, sonhando acordado a respeito de quantas cadeias de DNA poderiam se dobrar umas sobre as outras de um modo bonito e esperançosamente científico. Logo, entretanto, parei de pensar em nível molecular e me virei para o trabalho muito mais fácil de ler artigos de bioquímica sobre as inter-relações entre DNA, RNA e síntese proteica.

Praticamente todas as evidências existentes me fizeram acreditar que o DNA era o molde no qual as cadeias de RNA eram feitas. Por sua vez, as cadeias de RNA eram as candidatas prováveis a moldes para a síntese proteica. Havia alguns dados indistintos sobre ouriços-do-mar, interpretados como uma transformação do DNA em RNA, mas eu preferia confiar em outros experimentos que mostravam que moléculas de DNA, uma vez sintetizadas, são muito estáveis. A ideia de que os genes eram imortais parecia estar correta e, assim, colei na parede acima da minha mesa uma folha de papel com a inscrição DNA→RNA→proteína. As setas não significavam transformação química, mas expressavam, em vez disso, a transferência de informação genética das sequências de nucleotídeos nas moléculas de DNA para as sequências de aminoácidos nas proteínas.

Apesar de ter ido dormir contente, pensando que havia entendido a relação entre ácidos nucleicos e síntese proteica, o frio ao me vestir no quarto gelado me trouxe de volta à realidade de que um slogan não substitui a estrutura do DNA. Sem isso, o único impacto que Francis e eu provavelmente conseguiríamos era convencer os bioquímicos que conhecemos em um pub local de que nós nunca apreciaríamos o significado fundamental da complexidade na biologia. Pior que isso, mesmo quando Francis parou de pensar sobre espirais, ou eu, sobre genética bacteriana, continuamos paralisados no mesmo lugar em que estávamos doze meses antes. Os almoços no Eagle acabavam muitas vezes sem menção ao DNA, apesar de, geralmente, em algum ponto da nossa caminhada pós-almoço ao longo do Backs, os genes rastejarem por alguns momentos.

Em poucas caminhadas nosso entusiasmo crescia a ponto de mexermos nos modelos quando voltávamos para o escritório. Mas, quase imediatamente, Francis via que o raciocínio que nos dera esperança por um momento não levava a nenhum lugar. Voltávamos, então, a examinar as imagens radiográficas da hemoglobina, de onde a tese dele deveria emergir. Muitas vezes, continuei sozinho por cerca de meia hora, mas, sem a falação confiante de Francis, minha inabilidade de pensar em três dimensões era muito evidente.

Para mim, não era nem um pouco ruim dividir nosso escritório com Peter Pauling, que morava no albergue do Peterhouse como aluno pesquisador de John Kendrew. A presença de Peter significava que, quando a ciência não fizesse mais sentido, a conversa poderia se estender sobre as virtudes comparativas das garotas da Inglaterra, da Europa e da Califórnia. Um belo rosto, entretanto, não tinha nada a ver com o

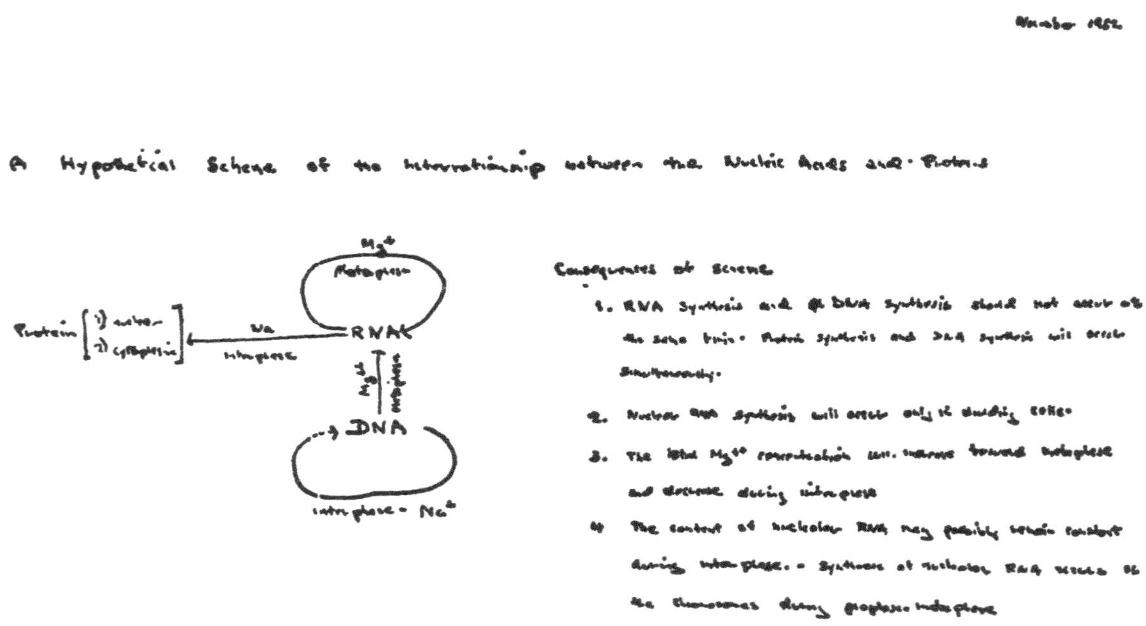

November 1952

A Hypothetical Scheme of the Interrelationship between the Nucleic Acids and Proteins

Consequences of scheme

1. RNA synthesis and DNA synthesis should not occur at the same time. Protein synthesis and DNA synthesis will occur simultaneously.
2. Nuclear RNA synthesis will occur only in dividing cells.
3. The total Mg^{++} concentration will increase toward metaphase and decrease during interphase
4. The content of nucleolar RNA may possibly remain constant during interphase. – Synthesis of nucleolar RNA occurs on the chromosomes during prophase-metaphase

Ideias iniciais sobre a relação DNA⟶RNA⟶proteína.

sorriso largo que Peter ostentava quando entrou saracoteando no escritório, numa tarde de meados de dezembro, e colocou os pés sobre a mesa. Ele tinha nas mãos uma carta dos Estados Unidos, que havia pegado ao voltar ao Peterhouse para o almoço.

Era de seu pai. Além de fofocas familiares de rotina, havia a temida notícia de que Linus já tinha a estrutura do DNA. Como não contava detalhes do que estava fazendo, a frustração aumentava a cada vez que a carta passava entre Francis e eu. Francis começou a andar para cima e para baixo na sala, pensando alto, esperando que pudesse reconstruir o que Linus teria feito num grande fervor intelectual. Como Linus não contara a resposta, nós poderíamos receber o mesmo crédito se a anunciássemos ao mesmo tempo.

Nada relevante surgiu, no entanto, quando subimos as escadas para o chá e falamos da carta para Max e John. Bragg passou por lá, mas nenhum de nós queria experimentar a alegria perversa de informá-lo de que os laboratórios ingleses estavam mais uma vez prestes a serem humilhados pelos americanos. Enquanto comíamos biscoitos de chocolate, John tentou nos animar com a possibilidade de Linus estar errado. Afinal de contas, ele nunca vira as imagens de Maurice e Rosy. Nossos corações, entretanto, nos diziam outra coisa.

22

Até o Natal, não tivemos mais notícias de Pasadena. Nosso humor melhorou lentamente, já que, se Pauling tivesse uma resposta realmente empolgante, o segredo não poderia ser guardado por muito tempo. Um de seus alunos de pós-graduação certamente saberia como era o modelo e, se houvesse implicações biológicas óbvias, os rumores logo teriam chegado a nós. Mesmo se Linus estivesse próximo da estrutura correta, a probabilidade de que ele se acercasse do segredo da replicação dos genes parecia remota. Além disso, quanto mais pensávamos sobre a química do DNA, mais improvável parecia que mesmo Linus pudesse acertar a estrutura ignorando completamente o trabalho feito no King's.

Disseram a Maurice que Linus estava de visita, quando passei por Londres a caminho da Suíça, para passar as festas de fim de ano esquiando. Eu esperava que a urgência criada pela descoberta de Linus sobre o DNA pudesse fazê-lo pedir ajuda para mim e para Francis. Entretanto, se Maurice achou que Linus tinha chance de levar o prêmio, não o admitiu. A notícia de que os dias de Rosy no King's estavam contados era muito mais importante para ele. Ela havia dito a Maurice que queria ser transferida logo para o laboratório de Bernal, no Birkbeck College. Além do mais, para surpresa e alívio de Maurice, não levaria consigo o problema do DNA. Nos meses subsequentes, concluiria o tempo de permanência lá escrevendo seu trabalho para publicação. Com Rosy fora ao menos de sua vida, ele poderia começar uma busca completa pela estrutura.

Ao voltar a Cambridge, em meados de janeiro, procurei Peter para saber o que contavam as cartas recentes de casa. Exceto por uma breve referência ao DNA, todas as notícias eram fofocas de família. O item pertinente, no entanto, não era encorajador. Ele havia escrito um manuscrito sobre o DNA, cuja cópia logo seria enviada a Peter. De novo, não havia pista de como era o modelo. Enquanto esperava o manuscrito chegar, mantive os nervos sob controle, escrevendo minhas ideias sobre sexualidade bacteriana. Uma visita rápida a Cavalli em Milão, logo depois do feriado de esqui em Zermatt, me convenceu de que minhas especulações sobre como as bactérias se reproduziam sexualmente estavam provavelmente certas. Como temia que Lederberg pudesse ver a mesma luz em breve, fiquei ansioso para publicar logo um artigo, junto com Bill Hayes. Mas o trabalho não estava na versão final quando, na primeira semana de fevereiro, o artigo de Pauling cruzou o Atlântico.

Na verdade, duas cópias foram enviadas a Cambridge – uma para sir Lawrence, a outra para Peter. A resposta de Bragg ao recebê-la foi colocá-la de lado. Sem saber que Peter também recebera uma cópia, hesitou em levar o manuscrito para o escritório de Max. Lá, Francis poderia vê-la e provocar outra busca infrutífera. Naquele momento, restavam apenas mais oito meses da risada de Francis para suportar. Isto é, se a tese dele fosse concluída dentro do prazo. Então, durante um ano, se não mais, com Crick no exílio, no Brooklyn, a paz e a serenidade prevaleceriam.

Enquanto sir Lawrence considerava se arriscaria afastar o pensamento de Crick de sua tese, Francis e eu nos debruçávamos sobre a cópia que Peter trouxera depois do almoço. O rosto de Peter denunciou que havia algo importante quando entrou pela porta, e meu estômago gelou de apreensão ao pensar que tudo estava perdido. Ao ver que nem Francis nem eu poderíamos aguentar mais suspense, ele disse que o modelo era uma hélice de três cadeias com o esqueleto açúcar-fosfato no centro. Isso soou tão suspeitosamente semelhante ao nosso esforço abortado no ano anterior que me perguntei de pronto se já não poderíamos ter recebido o crédito e a glória por uma grande descoberta se Bragg não tivesse nos impedido. Sem dar chance para que Francis perguntasse sobre o manuscrito, saquei-o do bolso do casaco de Peter e comecei a lê-lo. Após gastar menos de um minuto com o sumário e a introdução, logo estava nas figuras que mostravam a localização dos átomos essenciais.

Na hora, senti que algo não estava certo. No entanto, não consegui identificar o erro com precisão, até que olhei para as ilustrações por mais alguns minutos. Percebi, então, que os grupos fosfato do modelo de Linus não estavam ionizados, mas que cada um deles continha uma ligação de átomo de hidrogênio e, portanto, não tinha carga elétrica. De certa forma, o ácido nucleico de Pauling não era realmente um ácido. Além do mais, os grupos fosfato sem carga não eram uma característica incidental. Os hidrogênios eram parte das ligações de hidrogênio, que mantinham unidas as três cadeias entrelaçadas. Sem os átomos de hidrogênio, as cadeias se partiriam imediatamente e a estrutura desapareceria.

Tudo o que eu sabia sobre a química dos ácidos nucleicos indicava que os grupos fosfato nunca continham ligações de átomos de hidrogênio. Ninguém jamais havia questionado que o DNA era um ácido moderadamente forte. Assim, sob condições fisiológicas, sempre haveria por perto íons positivos, como sódio ou magnésio, para neutralizar os grupos fosfato carregados negativamente. Todas as nossas especulações sobre a possibilidade de as cadeias se manterem unidas por íons divalentes não fariam sentido se houvesse átomos de hidrogênio ligados firmemente aos fosfatos. De alguma forma, Linus, inquestionavelmente o químico mais sagaz do mundo, havia chegado à conclusão contrária.

Quando Francis mostrou-se igualmente assombrado pela química não ortodoxa de Pauling, comecei a respirar mais devagar. Àquela altura, eu sabia que ainda estávamos no jogo. Nenhum de nós, entretanto, tinha a menor pista dos passos que haviam levado Linus àquela asneira. Se um aluno tivesse cometido um erro similar, não seria considerado bom o bastante para ter o benefício de aprender com os professores de química da Caltech. Assim, obviamente ficamos preocupados, considerando se o modelo de Linus se originava de uma reavaliação revolucionária das propriedades ácido-básicas de moléculas muito grandes. O tom do manuscrito, entretanto, se opunha a qualquer avanço do gênero na teoria da química. Não havia razão para manter em segredo um avanço teórico tão notável. Ao contrário, se isso tivesse ocorrido, Linus teria escrito dois artigos, o primeiro descrevendo sua nova teoria e o segundo mostrando como ela fora usada para determinar a estrutura do DNA.

A estupidez era muito inacreditável para ser mantida em segredo por mais do que alguns minutos. Passei no laboratório de Roy Markham para dar a notícia e receber a confirmação de que a química de Linus era absurda. Como previsto, Markham expressou prazer por um gigante ter esquecido a química universitária elementar. Ele não se conteve e revelou que um dos grandes homens de Cambridge também já a esquecera uma vez. Em seguida, dei uma passada pelos químicos orgânicos, quando ouvi, mais uma vez, as palavras relaxantes de que o DNA era um ácido.

Na hora do chá, eu estava de volta ao Cavendish, onde Francis explicava para John e Max que não podíamos perder mais tempo desse lado do Atlântico. Quando seu erro se tornasse conhecido, Linus não pararia até alcançar a estrutura correta. Nossa esperança agora era que seus colegas de química estivessem mais admirados do que nunca com seu intelecto e não investigassem os detalhes do modelo. Mas, como o manuscrito já tinha sido despachado para o *Proceedings of the National Academy*, no mais tardar em meados de março o artigo de Linus teria circulado pelo mundo. Era uma questão de dias até que o erro fosse descoberto. Tínhamos em torno de seis semanas até que Linus estivesse novamente perseguindo o DNA o tempo todo.

Embora fosse preciso avisar Maurice, não ligamos para ele imediatamente. O ritmo das palavras de Francis poderia fazer Maurice encontrar uma razão para terminar a conversa antes que todas as implicações da tolice de Pauling pudessem ser mencionadas. Como em alguns dias eu iria a Londres ver Bill Hayes, a atitude sensata era levar o manuscrito para Maurice e Rosy analisarem.

Os estímulos das últimas horas tornaram impossível trabalhar naquele dia, por isso Francis e eu fomos ao Eagle. No instante em que abriram as portas para o turno da noite, estávamos lá para brindar o fracasso de Pauling. Em vez de sherry, deixei Francis me pagar um uísque. Embora as probabilidades continuassem parecendo contra nós, Linus ainda não ganhara o Nobel.

23

MAURICE ESTAVA OCUPADO quando, pouco antes das quatro, cheguei com a notícia de que o modelo de Pauling estava distante do alvo. Segui, então, pelo corredor até o laboratório de Rosy, esperando que ela estivesse lá. Como a porta estava entreaberta, empurrei-a e vi Rosy curvada sobre uma caixa de luz, medindo uma imagem radiográfica. Por um instante, ela ficou surpresa com a minha entrada, mas se recompôs rapidamente e, olhando direto em meu rosto, deixou que seus olhos me dissessem que pessoas não convidadas deveriam ter a gentileza de bater à porta.

Comecei a dizer que Maurice estava ocupado, mas, antes que ela começasse com suas grosserias, perguntei se gostaria de ver a cópia do manuscrito que Peter recebera do pai. Apesar de estar curioso para saber quanto tempo ela levaria para encontrar o erro, Rosy não queria nenhuma brincadeira comigo. Expliquei de imediato onde Linus se enganara. Ao fazê-lo, não pude me conter em apontar a semelhança superficial entre a hélice de três cadeias de Pauling e o modelo que Francis e eu havíamos apresentado quinze meses antes. O fato de que as deduções de Pauling sobre a simetria não eram mais inspiradas do que nossos esforços desajeitados do ano anterior poderia diverti-la, pensei. O resultado foi simplesmente o oposto. Em vez disso, ela foi ficando cada vez mais irritada com as referências recorrentes a estruturas helicoidais. Rosy pontuou friamente que não havia nenhuma evidência que permitia que

Linus ou qualquer outro postulasse uma estrutura helicoidal para o DNA. A maioria das palavras que dirigi a ela era inútil, porque ela sabia que Pauling estava errado no momento em que mencionei uma hélice.

Interrompendo o discurso de Rosy, eu disse que a forma mais simples para qualquer molécula polimérica regular era uma hélice. Sabendo que ela poderia me contradizer com o fato de ser improvável que a sequência de bases fosse regular, segui com o argumento de que, como as moléculas de DNA formam cristais, a ordem dos nucleotídeos não poderia afetar a estrutura geral. A essa altura Rosy mal podia controlar sua ira, e sua voz se elevou ao dizer que a estupidez de minhas observações se tornaria óbvia se calasse a boca e olhasse para suas evidências radiográficas.

Eu conhecia seus dados melhor do que ela imaginava. Maurice me falara da natureza dos resultados ditos anti-helicoidais meses antes. Como Francis havia garantido que eram uma falácia, decidi arriscar uma explosão completa. Sem hesitar mais, sugeri que ela era incompetente para interpretar imagens radiográficas. Se ao menos pudesse aprender alguma teoria, ela entenderia como as características supostamente anti-helicoidais surgiram das mínimas distorções necessárias para acondicionar hélices regulares em uma moldura cristalina.

De repente, Rosy saiu de trás da bancada do laboratório que nos separava e começou a vir em minha direção. Temendo que ela pudesse me acertar com sua fúria, agarrei o manuscrito de Pauling e recuei rapidamente em direção à porta aberta. Minha fuga foi bloqueada por Maurice, que, à minha procura, havia acabado de pôr a cabeça na porta. Enquanto Maurice e Rosy olhavam um para o outro por cima da minha figura desajeitada, disse a ele que a conversa com Rosy havia terminado e que estava indo procurá-lo no salão de chá. Ao mesmo tempo, esgueirei meu corpo entre os dois, deixando Maurice cara a cara com Rosy. Como ele não conseguiu se desvencilhar imediatamente dela, temi que pudesse convidar Rosy a se juntar a nós para o chá por uma questão de educação. Ela, no entanto, resolveu a dúvida de Maurice, virando-se de costas e fechando a porta com força.

Andando pelo corredor, eu disse a Maurice como sua aparição inesperada podia ter impedido Rosy de me atacar. Lentamente, ele me garantiu que isso poderia muito bem ter acontecido. Alguns meses antes, ela tivera um impulso semelhante em direção a ele. Eles quase haviam se socado após uma discussão na sala dele. Quando Maurice tentou escapar, Rosy bloqueou a porta e só saiu da frente no último minuto. Mas, daquela vez, não havia uma terceira pessoa envolvida.

Meu encontro com Rosy fez Maurice se abrir em um grau que eu jamais vira. Agora que eu não precisava mais só imaginar o inferno emocional por que passara nos últimos dois anos, ele podia me tratar quase como um colega colaborador em vez de um conhecido distante, com quem a troca de confidências íntimas levaria inevitavelmente a mal-entendidos dolorosos. Para minha surpresa, revelou que, com a ajuda de seu assistente Wilson, vinha duplicando, na surdina, alguns dos trabalhos radiográficos de Rosy e Gosling. Assim, não era necessário um grande intervalo de tempo para que os esforços de pesquisa de Maurice estivessem em plena atividade. Foi então que a carta mais importante foi revelada: desde meados do verão, Rosy tinha evidências de uma nova forma tridimensional do DNA, que apareceu quando as moléculas de DNA foram cercadas por uma grande quantidade de água. Quando perguntei o que o padrão lembrava, Maurice foi até a sala ao lado para pegar uma cópia da nova forma, que eles chamaram de estrutura "B".

No instante em que vi a imagem, minha boca se abriu e meu coração disparou. O padrão era inacreditavelmente mais simples do que o anterior (forma "A"). Além do mais, a cruz negra de reflexos que dominava a imagem só poderia surgir de uma estrutura helicoidal. Com a forma "A", o raciocínio para se chegar a uma hélice não era direto e havia uma ambiguidade considerável quanto a exatamente que tipo de simetria helicoidal estava presente. Com a forma B, entretanto, uma simples olhada nas imagens radiográficas mostrava muitos dos parâmetros helicoidais vitais. Possivelmente, após alguns minutos de cálculo, o número de cadeias na molécula poderia ser determinado. Ao pressionar Maurice para saber como tinham chegado à foto B, soube que seu colega R.D.B. Fraser fizera experimentos sérios com modelos de três cadeias, mas nada nem de longe tão empolgante havia aparecido. Apesar de Maurice admitir que, agora, a evidência de uma hélice era irresistível – a teoria Stokes-Cochran-Crick indicava claramente que devia existir uma hélice –, isso não tinha muita importância para ele. Afinal, ele já havia pensado que uma hélice surgiria. O problema real era a ausência de qualquer hipótese estrutural que permitisse acondicionar as bases no lado interno da hélice de modo regular. Isso, é claro, supondo que Rosy acertara ao querer as bases no centro e o esqueleto do lado de fora. Apesar de Maurice me dizer que estava quase convencido de que ela tinha razão, continuei cético, porque as evidências dela ainda estavam fora do alcance para mim e Francis.

Em nosso caminho para o jantar no Soho, voltei ao problema de Linus, enfatizando que poderia ser fatal rir por muito tempo de seu erro. A situação seria muito mais segura se Pauling estivesse apenas errado, em vez de parecer tolo. Logo, se não já, ele se dedicaria àquilo dia e noite. Havia ainda o perigo de que, se colocasse um assistente para tirar fotografias do DNA, a estrutura B poderia ser descoberta também em Pasadena. Nesse caso, em uma semana no máximo, Linus teria a estrutura.

Maurice se recusou a se empolgar. Meu refrão repetitivo de que o DNA poderia ser desvendado a qualquer momento soava, de modo muito suspeito, como Francis em um de seus períodos excessivamente agitados. Durante anos, Francis tentou lhe dizer o que era importante, mas, quanto mais objetivamente ele revia sua vida, mais sabia que havia sido sábio em seguir sua intuição. Enquanto o garçom olhava sobre seu ombro, esperando que fizéssemos o pedido de uma vez, Maurice se assegurou de que eu havia entendido que, se todos nós concordássemos sobre os rumos da ciência, tudo estaria resolvido e não teríamos outra saída senão sermos engenheiros ou médicos.

Com a comida na mesa, tentei concentrar nossos pensamentos no número de cadeias, argumentando que medir a localização do reflexo mais interior na primeira e segunda camadas poderia nos colocar de imediato no caminho certo. Mas, como a longa resposta de Maurice nunca chegou ao ponto, não consegui saber se ele estava dizendo que ninguém do King's havia medido os reflexos pertinentes ou se ele queria comer sua refeição antes que esfriasse. Comi com relutância, esperando que, depois do café, pudesse obter mais detalhes se voltasse caminhando com ele para seu apartamento. Nossa garrafa de

Chablis, no entanto, diminuiu meu desejo de obter fatos incontestáveis, e, enquanto saíamos do Soho e andávamos pela Oxford Street, Maurice só falou sobre seus planos para conseguir um apartamento menos deprimente, em uma região mais tranquila.

Mais tarde, no compartimento frio e quase sem aquecimento do trem, rascunhei nas margens em branco do jornal o que eu recordava do padrão B. Enquanto o trem sacolejava em direção a Cambridge, tentei decidir entre modelos de duas ou três cadeias. Até onde eu podia enxergar, a razão pela qual o grupo do King's não gostava de duas cadeias não era infalível. Dependia do conteúdo aquoso das amostras de DNA, um valor que eles admitiam que podia estar muito errado. Assim, enquanto pedalava de volta para a faculdade e pulava o portão dos fundos, decidi construir modelos de duas cadeias. Francis teria de concordar. Apesar de ser físico, ele sabia que objetos biológicos importantes existiam aos pares.

Francis Crick e J.D. Watson durante uma caminhada pelo Backs.
Ao fundo, a capela do King's College.

Francis perto de um tubo de raios X do Laboratório Cavendish.

Maurice Wilkins

Fotografia tirada durante o encontro sobre genética microbiana no Instituto de Física Teórica, em Copenhague, em março de 1951. Primeira fila: O. Maaløe, R. Latarjet, E. Wollman. Segunda fila: N. Bohr, N. Visconti, G. Ehrensvaard, W. Weidel, H. Hyden, V. Bonifas, G. Stent, H. Kalckar, B. Wright, J.D. Watson, M. Westergaard.

Linus Pauling com seus modelos atômicos.

Acima à esquerda, sir Lawrence Bragg em sua mesa de trabalho no Cavendish. *Acima à direita*, Rosalind Franklin.

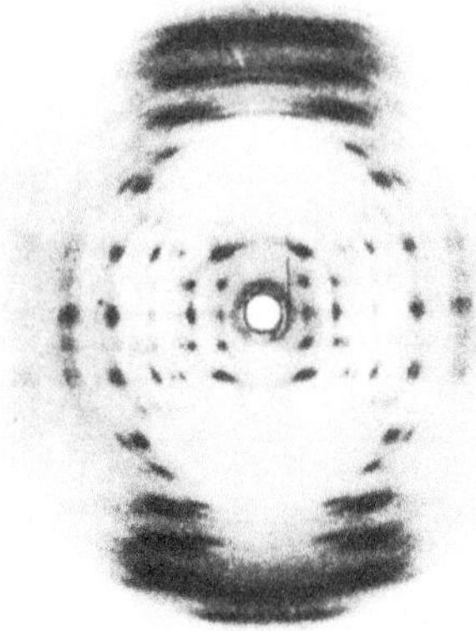

Uma fotografia de raios X do DNA cristalino na forma A.

Elizabeth Watson, com a ponte Clare ao fundo.

Em Paris, a caminho da Riviera, primavera de 1952.

O encontro em Royaumont, julho de 1952.

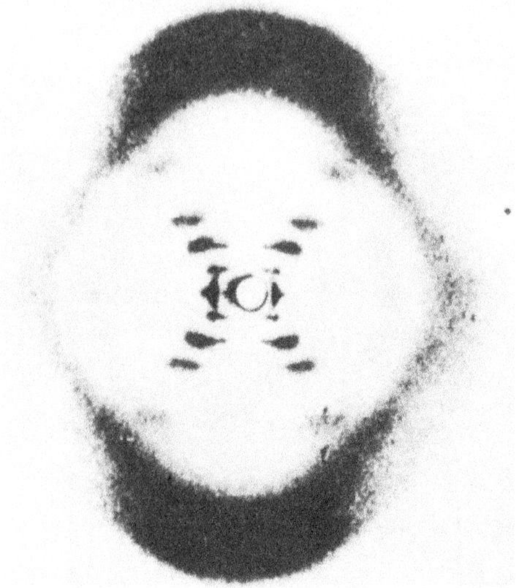

Uma fotografia de raios X do DNA na forma B, tirada por Rosalind Franklin, no final de 1952.

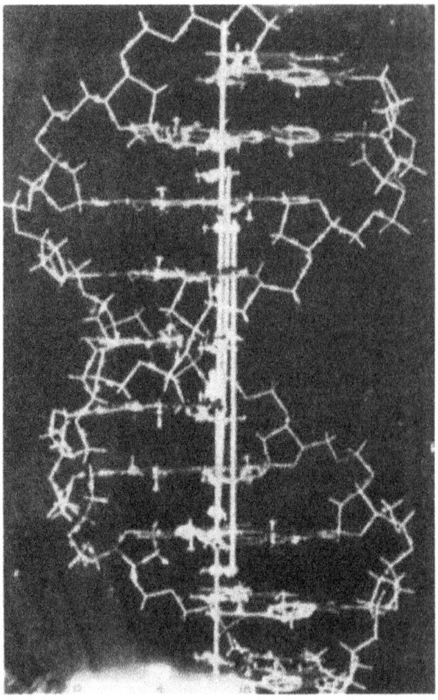

Acima à esquerda, Férias nos Alpes italianos, agosto de 1952. *Acima à direita*, O modelo de demonstração original da dupla hélice (a escala fornece distâncias em angstroms).

Watson e Crick diante do modelo do DNA.

Café da manhã no Cavendish logo após a publicação do manuscrito sobre a dupla hélice.

Em Estocolmo para o Prêmio Nobel, em dezembro de 1962: Maurice Wilkins, John Steinbeck, John Kendrew, Max Perutz, Francis Crick e James D. Watson.

24

Bragg estava no escritório de Max quando apareci, no dia seguinte, para revelar o que havia aprendido. Francis não estava lá, porque era uma manhã de sábado e ele ainda estava em casa, na cama, dando uma olhada na *Nature* que chegara com o correio da manhã. Comecei logo a discorrer sobre os detalhes da forma B, fazendo um rascunho grosseiro para mostrar as evidências de que o DNA era uma hélice que repetia seu padrão a cada 34 Å ao longo do eixo helicoidal. Bragg logo me interrompeu com uma pergunta, e eu soube que meu raciocínio fora compreendido. Não perdi tempo mencionando o problema de Linus, dizendo que ele era muito perigoso para que lhe permitíssemos uma segunda chance na busca pelo DNA enquanto as pessoas desse lado do Atlântico ficavam sentadas de braços cruzados. Depois de falar que iria pedir que um técnico do Cavendish fizesse modelos das purinas e pirimidinas, fiquei em silêncio à espera de que os pensamentos de Bragg se cristalizassem.

Para meu alívio, sir Lawrence não apenas não fez objeções como me encorajou a seguir com o trabalho de construir modelos. Ele claramente não tinha simpatia pelas picuinhas internas do King's – ainda mais quando poderiam permitir que justamente Linus tivesse a satisfação de descobrir a estrutura de mais uma molécula importante. Para ajudar a nossa causa, havia meu trabalho sobre o vírus do mosaico do tabaco. Ele dera a Bragg a impressão de que eu trabalhava sozinho. Assim, ele poderia dormir aquela noite sem se preocupar com o pesadelo de ter dado a Crick carta branca para outra incursão na sua grosseria frenética. A seguir, desci as escadas até a oficina para avisar os técnicos que eu estava prestes a escrever os planos para modelos que deveriam ficar prontos em uma semana.

Logo depois que voltei ao escritório, Francis entrou para contar que o jantar da noite anterior fora um grande sucesso. Odile estava visivelmente encantada com o garoto francês que minha irmã trouxera. Elizabeth havia chegado um mês antes para ficar por tempo indeterminado, antes de voltar aos Estados Unidos. Por sorte, pude instalá-la na casa de Camille Prior e arranjar um modo de fazer minhas refeições noturnas lá com Pop e suas garotas estrangeiras. De uma só vez, Elizabeth foi salva das acomodações típicas inglesas e eu vislumbrava uma redução das minhas dores de estômago.

Na casa de Pop vivia também Bertrand Fourcade, o homem, se não a pessoa, mais bonito de Cambridge. Bertrand, que viera passar alguns meses para aperfeiçoar o inglês, tinha consciência de sua beleza notável e aceitou com satisfação a companhia de uma garota cujo vestido não contrastava muito com suas roupas bem cortadas. Assim que mencionei que conhecíamos o estrangeiro bonitão, Odile expressou seu encantamento. Ela, como muitas mulheres de Cambridge, não podia tirar os olhos de Bertrand quando o via descendo a King's Parade ou esperando, todo arrumado, os intervalos das peças no clube amador de artes dramáticas. Elizabeth recebeu a missão de ver se Bertrand estaria livre para se juntar a nós para uma refeição com os Crick em Portugal Place. O horário finalmente acertado, entretanto, coincidia com minha viagem a Londres. Enquanto eu assistia Maurice acabar meticulosamente com toda a comida do prato, Odile admirava o rosto perfeitamente proporcional de Bertrand enquanto ele falava de sua dificuldade para escolher os potenciais compromissos sociais durante o verão que se avizinhava na Riviera.

Naquela manhã, Francis viu que eu não mantinha meu interesse habitual pela sociedade francesa endinheirada. Em vez disso, por um momento, ele temeu que eu estivesse excepcionalmente enfadonho. Dizer que até um ex-observador de pássaros poderia elucidar o DNA agora não era jeito de saudar um amigo com uma leve ressaca. Entretanto, logo que revelei os detalhes do padrão B, ele viu que eu não estava brincando. Minha insistência em que o reflexo meridional a 3,4 Å era muito mais forte do que qualquer outro era especialmente importante. Isso só podia significar que as bases de purina e pirimidina com 3,4 Å de espessura estavam empilhadas umas sobre as outras em uma direção perpendicular ao eixo helicoidal. Além disso, podíamos ter certeza, devido a evidências tanto de microscopia eletrônica quanto de radiografias, de que o diâmetro da hélice era de cerca de 20 Å.

Francis, entretanto, sustentou sua posição contra meu comentário de que as diversas descobertas de duplicidade em sistemas biológicos sugeriam a construção de modelos de duas cadeias. O modo de progredirmos, na opinião dele, era rejeitar qualquer argumento que não partisse da química de cadeias de ácido nucleico. Como as evidências experimentais que conhecíamos ainda não distinguiam entre modelos de duas ou três cadeias, ele queria prestar a mesma atenção às duas alternativas. Apesar de continuar totalmente cético, não vi razão para contestar suas palavras. É claro que eu começaria brincando com modelos de duas cadeias.

Durante muitos dias, no entanto, nenhum modelo sério foi construído. Não só não tínhamos os componentes das purinas e das pirimidinas como a oficina não havia montado nenhum átomo de fósforo. Como o técnico precisava de ao menos três dias para fazer os átomos de fósforo mais simples, voltei para o Clare depois do almoço para moldar a versão final do meu manuscrito sobre genética. Mais tarde, quando pedalei até Pop para o jantar, encontrei Bertrand e minha irmã falando com Peter Pauling, que, na semana anterior, havia seduzido Pop para lhe conceder o direito de jantar. Em contraste com Peter, que estava reclamando que os Perutz não tinham o direito de manter Nina em casa no sábado à noite, Bertrand e Elizabeth pareciam satisfeitos um com o outro. Eles haviam acabado de voltar no Rolls-Royce de um amigo de uma célebre casa de campo perto de Bedford. Seu anfitrião, um arquiteto antiquário, nunca se submetera à civilização moderna e mantinha a casa sem gás ou eletricidade. Levava a vida de um escudeiro do século XVIII de todas as maneiras possíveis, inclusive oferecendo cajados de madeira especiais para os convidados que o acompanhavam por suas terras.

O jantar nem bem acabara quando Bertrand carregou Elizabeth para outra festa, deixando Peter e eu sem saber o que fazer. Depois de ter decidido inicialmente trabalhar em seu equipamento *hi-fi*, Peter me acompanhou ao cinema. Isso nos deixou sob controle até que, quando a meia-noite se aproximou, Peter falou longamente sobre como lorde Rothschild evitava sua responsabilidade de pai ao não convidá-lo para jantar com sua filha, Sarah. Eu não tinha como discordar porque, se Peter fosse para o mundo da moda, eu poderia escapar de me casar com uma acadêmica.

Os átomos de fósforo ficaram prontos três dias depois, e organizei rapidamente diversas seções curtas do esqueleto açúcar-fosfato. Então, por um dia e meio, tentei achar um modelo adequado de duas cadeias com o esqueleto no centro. Todos os modelos eventualmente compatíveis com os dados radiográficos da forma B, entretanto, pareciam, estereoquimicamente, ainda mais insatisfatórios do que nossos modelos de três cadeias de quinze meses antes. Vendo Francis absorto em sua tese, tirei a tarde para jogar tênis com Bertrand. Depois do chá, voltei para dizer que, por sorte, achava o tênis mais prazeroso do que a construção de modelos. Francis, totalmente indiferente ao dia perfeito de primavera, largou de imediato sua caneta para dizer que não só o DNA era muito importante como ele poderia me garantir que, algum dia, eu descobriria a natureza insatisfatória dos jogos ao ar livre.

Durante o jantar em Portugal Place, voltei ao estado de preocupação com o que havia de errado. Apesar de continuar insistindo que deveríamos manter o esqueleto no centro, sabia que nenhuma de minhas razões se sustentava. No café, finalmente admiti que a relutância em posicionar as bases no interior surgiu em parte da suspeita de que seria possível construir um número quase infinito de modelos desse tipo. Portanto, teríamos a tarefa impossível de decidir qual deles era o correto. Mas o verdadeiro obstáculo eram as bases. Se elas ficassem fora, nós não teríamos de considerá-las. Se fossem empurradas para dentro, precisaríamos encarar o terrível problema de como juntar duas ou mais cadeias com sequências irregulares de bases. Nesse ponto, Francis tinha de admitir que não via o menor raio de luz. Quando saí da sala de jantar, que ficava no porão, para a rua, deixei-o com a impressão de que ele teria de providenciar ao menos um argumento semiplausível antes que eu começasse a brincar seriamente com modelos com base central.

Na manhã seguinte, contudo, enquanto desmontava uma molécula particularmente repulsiva com o esqueleto no centro, decidi que não faria mal passar alguns dias construindo modelos com o esqueleto externo. Isso significava ignorar as bases por um tempo, o que aconteceria de qualquer maneira, porque a oficina precisava de mais uma semana para entregar os pratos metalizados cortados em forma de purinas e pirimidinas.

Não era difícil torcer um esqueleto situado do lado de fora de modo compatível com as evidências radiográficas. Na verdade, tanto Francis quanto eu tínhamos a impressão de que o ângulo mais satisfatório de rotação entre duas bases adjacentes estava entre 30 e 40 graus. Em contraste, um ângulo duas vezes maior ou menor parecia incompatível com os ângulos de ligações relevantes. Assim, se o esqueleto estivesse do lado de fora, a repetição cristalográfica de 34 Å teria de representar a distância ao longo do eixo helicoidal necessária para uma rotação completa. Nesse estágio, o interesse de Francis começou a se renovar e, cada vez mais, ele levantava os olhos de seus cálculos para dar uma olhada no modelo. Apesar disso, nenhum de nós hesitou em interromper o trabalho no fim de semana. Haveria uma festa no Trinity no sábado à noite e, no domingo, Maurice viria à casa dos Crick para uma visita social planejada semanas antes da chegada do manuscrito de Pauling.

Maurice, entretanto, não tinha permissão para esquecer o DNA. Assim que chegou da estação, Francis começou a provocá-lo em busca de mais detalhes do padrão B. Mas, no fim do almoço, Francis não sabia nada além do que eu havia descoberto na semana anterior. Nem mesmo a presença de Peter, dizendo estar certo de que seu pai logo se movimentaria, perturbou os planos de Maurice. Ele enfatizou novamente que queria postergar a construção de mais modelos até que Rosy fosse embora, seis semanas depois. Francis aproveitou a ocasião para perguntar a Maurice se ele se importaria se começássemos a brincar com modelos de DNA. Quando a lenta resposta surgiu como um não, ele não se importava, meu coração voltou ao normal. Mesmo se a resposta fosse sim a construção de modelos teria seguido adiante.

25

NOS DIAS SEGUINTES, Francis ficou cada vez mais agitado por causa do meu fracasso em me ater aos modelos moleculares. Não importava que geralmente já estivesse no laboratório antes da sua chegada, por volta de dez horas. Quase todas as tardes, sabendo que eu estava na quadra de tênis, ele erguia os olhos do seu trabalho e via, preocupado, o esqueleto de polinucleotídeos abandonado. Além do mais, depois do chá, eu podia aparecer para apenas alguns minutos de conversa-fiada antes de correr para tomar sherry com as garotas na pensão de Pop. As queixas de Francis não me incomodavam, no entanto, porque refinar o último esqueleto sem ter uma solução para as bases não representaria um verdadeiro passo adiante.

Continuei passando a maioria das noites no cinema, sonhando de modo vago que a resposta me viria subitamente a qualquer momento. Às vezes, minha busca selvagem por filmes dava errado, sendo que a pior ocasião foi uma noite reservada para *Ecstasy*. Peter e eu agora podíamos assistir às cenas originais de Hedy Lamarr em que havia nudez; assim, na noite tão esperada, pegamos Elizabeth e fomos para o Rex. Entretanto, a única cena que aludia à nudez no lago mantida intacta pela censura inglesa foi um reflexo invertido de uma poça d'água. Antes que o filme estivesse na metade, nos juntamos à vaia violenta dos alunos de graduação, enquanto as vozes dubladas pronunciavam palavras de paixão descontrolada.

Mesmo durante bons filmes, eu achava quase impossível esquecer as bases. O fato de que tínhamos produzido ao menos uma configuração estereoquimicamente razoável para o esqueleto ocupava sempre o fundo da minha mente. Além do mais, não havia mais receio de que fosse incompatível com os dados experimentais. Àquela altura, já havíamos verificado com as medições precisas de Rosy. Ela, é claro, não nos fornecera seus dados diretamente. Por falar nisso, ninguém no King's sabia que já os tínhamos em mãos. Nós os descobrimos devido à participação de Max em um comitê selecionado pelo Conselho de Pesquisas Médicas para coordenar pesquisas biofísicas em seus laboratórios. Como Randall desejava convencer o comitê externo de que tinha um grupo produtivo de pesquisa, instruíra sua equipe a escrever um resumo compreensível de suas conquistas. O texto foi preparado dentro do prazo, mimeografado e enviado a todos os membros do comitê. O relato não era confidencial, portanto Max não viu motivo para não entregá-lo a Francis e a mim. Ao avaliar rapidamente seu conteúdo, Francis percebeu, aliviado, que eu lhe passara as características essenciais do padrão B quando retornei do King's. Assim, apenas pequenas modificações seriam necessárias na configuração do nosso esqueleto.

Em geral, tentava solucionar o mistério das bases tarde da noite, após voltar aos meus aposentos. Suas fórmulas estavam escritas no pequeno livro de J.N. Davidson, *The Biochemistry of Nucleic Acids*, cujo exemplar eu mantinha no Clare. Assim, podia ter certeza de que possuía as estruturas corretas quando desenhei pequenas imagens das bases no papel timbrado do Cavendish. Minha intenção era organizar as bases localizadas no centro de tal forma que os esqueletos do lado de fora fossem completamente regulares – isto é, dando aos grupos fosfato de açúcar de cada nucleotídeo configurações tridimensionais idênticas. Mas, cada vez que tentava uma solução, eu me deparava com o obstáculo de que cada uma das quatro bases tinha um formato bem diferente. Além disso, havia várias razões para acreditar que as sequências de bases de uma dada cadeia de polinucleotídeos eram muito irregulares. Assim, a menos que houvesse algum truque muito especial, dobrar aleatoriamente duas cadeias de polinucleotídeos uma em torno da outra poderia acabar em confusão. Em alguns lugares as bases maiores deveriam tocar umas nas outras, enquanto que, em outras regiões, onde as bases menores estariam em lados opostos, haveria buracos ou as regiões do esqueleto deveriam se dobrar sobre si mesmas.

Havia também o problema aflitivo de como as cadeias entrelaçadas poderiam ser mantidas unidas por ligações de hidrogênio entre as bases. Apesar de Francis e eu termos descartado durante mais de um ano a possibilidade de que bases formassem ligações de hidrogênio regulares, para mim era óbvio agora que havíamos errado. A observação de que um ou mais átomos de hidrogênio em cada uma das bases poderia se mover de um lugar para outro (uma alteração tautomérica) nos levou a concluir, de início, que todas as formas tautoméricas possíveis de uma dada base ocorriam na mesma frequência. Mas uma releitura recente de artigos de J.M. Gulland e D.O. Jordan sobre a titrimetria ácida e básica do DNA me fizera reconhecer, finalmente, a força da conclusão de que uma grande fração das bases, se não todas, formava ligações de hidrogênio com outras bases. Ainda mais importante, esses elos de hidrogênio estavam presentes em concentrações muito baixas de DNA, um forte indício de que as ligações juntavam bases na mesma molécula. Havia, além do mais, o resultado cristalográfico de raios X, em que cada base pura examinada até então formava tantos elos irregulares de hidrogênio quanto era estereoquimicamente possível. Assim, o cerne da questão era encontrar uma regra que governasse as ligações de hidrogênio entre as bases.

Meus rabiscos das bases no papel não levaram a nada no início, independentemente de eu ter ido ou não ao cinema. Mesmo a necessidade de eliminar *Ecstasy* da minha cabeça não levou a ligações de hidrogênio aceitáveis, e dormi esperando que a festa da turma da graduação, na noite seguinte, em Downing, estivesse cheia de garotas bonitas. Mas minhas expectativas foram frustradas assim que cheguei lá e identifiquei um grupo de jogadores de hockey parrudos e algumas debutantes pálidas. Bertrand também percebeu logo que estava deslocado e, enquanto ficamos um tempo ali por educação antes de zarpar, expliquei que eu estava competindo com o pai de Peter pelo Prêmio Nobel.

No meio da semana seguinte, entretanto, surgiu uma ideia não trivial. Ela me veio enquanto desenhava os anéis fundidos de adenina no papel. De repente, percebi as implicações potencialmente profundas de uma estrutura de DNA na qual o resíduo de adenina formasse ligações de hidrogênio similares àquelas encontradas em cristais de adenina pura. Se o DNA fosse assim, cada resíduo de adenina formaria duas ligações de hidrogênio com o resíduo de adenina relacionado a ele por uma rotação de 18 graus. O mais importante é que duas ligações simétricas de hidrogênio também poderiam manter unidos pares de guanina, citosina ou timina. Comecei, então, a me perguntar se cada molécula de DNA não consistia de duas cadeias com

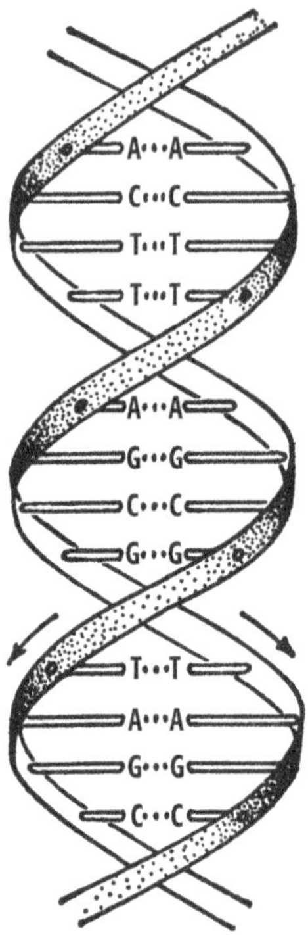

Visão esquemática de uma molécula de DNA construída a partir de pares de bases semelhante-com-semelhante.

sequências de bases idênticas, unidas por ligações de hidrogênio entre pares de bases idênticas. Havia a complicação, entretanto, de que tal estrutura poderia não ter um esqueleto regular, porque as purinas (adenina e guanina) e as pirimidinas (timina e citosina) têm formatos diferentes. O esqueleto resultante teria de exibir dobras para dentro e para fora dependendo se pares de purinas ou de pirimidinas estivessem no centro.

Apesar do esqueleto confuso, meu coração começou a disparar. Se isso fosse o DNA, eu deveria criar uma notícia bombástica ao anunciar sua descoberta. A existência de duas cadeias entrelaçadas, com sequências de bases idênticas, não poderia ser uma questão de acaso. Em vez disso, sugeria fortemente que uma cadeia em cada molécula tivera, em algum estágio anterior, servido de molde para a síntese da outra cadeia. Sob esse esquema, a replicação dos genes começaria com a separação de suas duas cadeias idênticas. Assim, duas novas fitas-filhas seriam criadas a partir dos dois moldes parentais, formando, por meio disso, duas moléculas de DNA idênticas à original. Desse modo, o passo essencial da replicação genética poderia vir da necessidade de que cada base na cadeia recentemente sintetizada estivesse sempre ligada a uma base idêntica por hidrogênio. Naquela noite, entretanto, eu não conseguia ver por que a forma tautomérica comum da guanina não se ligava à adenina por um hidrogênio. Da mesma forma, muitos outros erros de pareamento poderiam ocorrer. Mas, como não havia razão para descartar a participação de enzimas específicas, não vi motivo para ficar muito preocupado. Por exemplo, poderia existir uma enzima específica para a adenina, que a fizesse ser inserida sempre do lado oposto de um resíduo de adenina nas fitas do molde.

Após a meia-noite, fui ficando mais e mais satisfeito. Houve muitos dias em que Francis e eu nos preocupamos com o fato de que a estrutura do DNA poderia se revelar superficialmente muito simples, não sugerindo nada sobre sua replicação nem sobre sua função de controlar a bioquímica. Mas agora, para meu deslumbramento e assombro, a resposta se mostrava profundamente interessante. Por mais de duas horas, fiquei deitado alegremente, com pares de resíduos de adenina girando diante de meus olhos fechados. Apenas por breves momentos, fui assolado pelo medo de que uma ideia tão boa como essa pudesse estar errada.

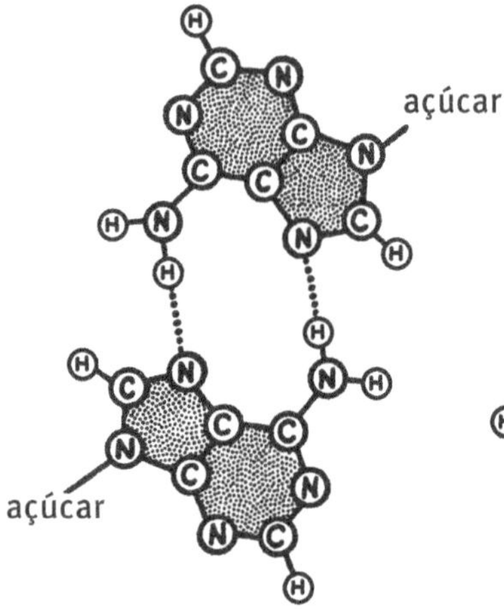

adenina com adenina

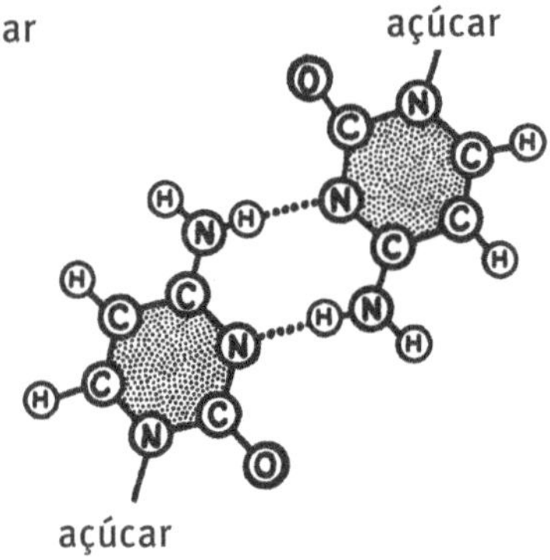

citosina com citosina

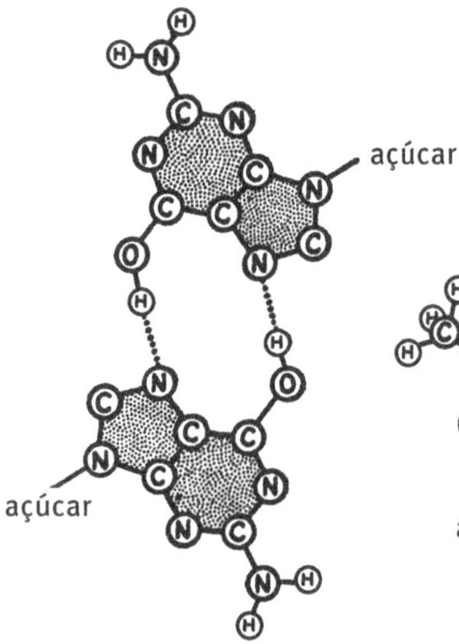

guanina com guanina

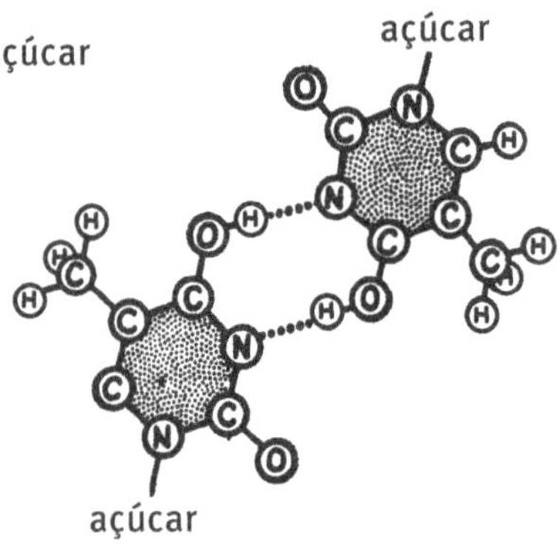

timina com timina

Os quatro pares de bases usados para construir
a estrutura semelhante-com-semelhante
(as ligações de hidrogênio estão pontilhadas).

26

Meu esquema se partiu em pedaços no meio do dia seguinte. Havia contra mim o fato químico desagradável de que eu escolhera as formas tautoméricas erradas da guanina e da timina. Antes que essa verdade perturbadora fosse revelada, eu havia tomado um café da manhã rápido no Whim e passado no Clare para responder a uma carta de Max Delbrück, na qual ele contava que meu manuscrito sobre genética bacteriana parecera frágil aos geneticistas da Caltech. No entanto, ele aceitaria meu pedido para que o enviasse ao *Proceedings of the National Academy*. Dessa forma, ainda seria jovem ao cometer a tolice de publicar uma ideia estúpida. E poderia me regenerar antes que minha carreira tomasse para sempre um rumo temerário.

No início, essa mensagem teve o efeito perturbador desejado. Mas, àquela hora, com meu humor animado pela possibilidade de ter a estrutura autoduplicadora, reiterei a fé de que eu sabia o que se passava quando as bactérias se reproduziam sexualmente. Além disso, não poderia me abster de acrescentar uma frase, dizendo que havia acabado de idealizar uma linda estrutura do DNA que era completamente diferente da estrutura de Pauling. Por alguns segundos, considerei dar detalhes do que me ocupava, mas, como estava na correria, desisti, joguei a carta rapidamente na caixa de correio e voei para o laboratório.

Não fazia nem uma hora que eu tinha postado a carta quando percebi que minha ideia não fazia sentido. Logo depois de chegar ao escritório e começar a explicar meu esquema, o cristalógrafo americano Jerry Donohue declarou que ela não funcionaria. As formas tautoméricas que eu copiara do livro de Davidson estavam, na opinião dele, designadas incorretamente. Minha réplica imediata de que muitos outros textos também mostravam guanina e timina na forma enólica não convenceu Jerry. Ele revelou alegremente que, durante anos, químicos orgânicos vinham favorecendo arbitrariamente formas tautoméricas específicas em detrimento de alternativas baseadas em parâmetros muito frágeis. De fato, os livros de química orgânica estavam cheios de imagens de formas tautoméricas altamente improváveis. A imagem da guanina que apresentara estava quase certamente distorcida. Toda a sua intuição química lhe dizia que ela ocorria na forma cetônica. Ele estava igualmente certo de que a timina também fora designada equivocadamente na forma enólica. Mais uma vez, ele favorecia bastante a alternativa cetônica.

Jerry, entretanto, não deu uma razão infalível para preferir as formas cetônicas. Ele reconheceu que apenas uma estrutura cristalina estava por trás do problema. Era a dicetopiperazina, cuja configuração tridimensional havia sido solucionada com cuidado no laboratório de Pauling anos antes. Nesse caso, não havia dúvida de que a forma cetônica, e não a enólica, estava presente. Além do mais, ele tinha certeza de que os argumentos da mecânica quântica que mostraram o porquê de a dicetopiperazina ter forma cetônica também poderiam valer para a guanina e a timina. Dessa forma, eu estava fortemente impelido a não perder mais tempo com meu esquema tolo.

Apesar de minha reação imediata ser esperar que Jerry estivesse blefando, não rejeitei suas críticas. Depois do próprio Linus, Jerry sabia mais sobre ligações de hidrogênio do que qualquer outra pessoa no mundo. Ele trabalhara na Caltech com estruturas cristalinas de moléculas orgânicas pequenas durante muitos anos, portanto eu não podia ter a ilusão de que ele não compreendia o nosso problema. Durante os seis meses em que ocupou uma mesa em nosso escritório, nunca o ouvi abrir a boca para falar de assuntos que não conhecia.

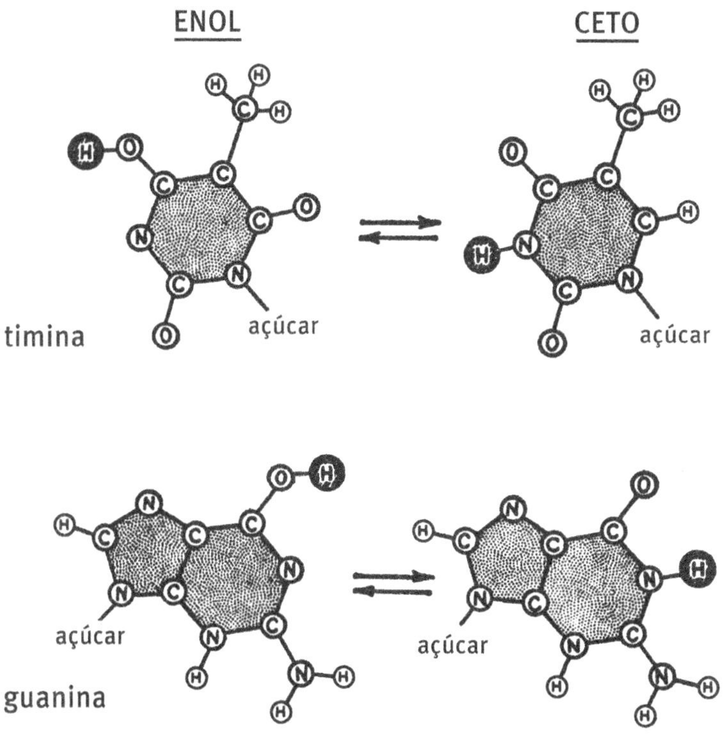

As formas tautoméricas contrastantes da guanina e da timina que podem ocorrer no DNA. Os átomos de hidrogênio que podem sofrer mudanças de posição (uma troca tautomérica) estão sombreados.

Bastante preocupado, voltei para minha mesa, esperando que surgisse algum esquema para resgatar a ideia do semelhante-com-semelhante. Mas era óbvio que as novas tarefas eram o golpe fatal. A mudança dos átomos de hidrogênio para seus locais cetônicos tornou ainda mais importante a diferença de tamanho entre as purinas e as pirimidinas do que seria se as formas enólicas existissem. Somente por um anseio muito especial eu poderia imaginar o esqueleto de polinucleotídeos se dobrando o bastante para acomodar sequências de bases irregulares. Até mesmo essa possibilidade desvaneceu quando Francis chegou. Ele percebeu de imediato que uma estrutura semelhante-com-semelhante só poderia causar uma repetição cristalográfica de 34 Å se cada cadeia tivesse uma rotação completa a cada 68 Å. Mas isso significaria que o ângulo de rotação entre bases sucessivas seria de apenas 18 graus, um padrão que Francis acreditava ter sido completamente descartado em suas manipulações recentes dos modelos. Francis também não gostava do fato de que a estrutura não apresentava explicação para as regras de Chargaff (adenina equivale a timina, guanina equivale a citosina). Eu, entretanto, mantive minha reação indiferente aos dados de Chargaff. Então, fiquei satisfeito com a chegada da hora do almoço, quando a falação alegre de Francis levou temporariamente meus pensamentos para o porquê de os alunos de graduação não conseguirem satisfazer as garotas *au pair*.

Não estava ansioso para voltar ao trabalho depois do almoço, porque temia que, ao tentar enquadrar as formas cetônicas em algum novo esquema, desse com um muro de pedra e tivesse de encarar o fato de que nenhum esquema regular de ligações de hidrogênio era compatível com as evidências de raios X. Enquanto eu ficasse lá fora contemplando os açafrões, era possível manter a esperança de que uma bela organização de bases me ocorreria. Por sorte, quando subimos as escadas, percebi que tinha uma desculpa para adiar o passo crucial da construção de modelos por pelo menos algumas horas. Os modelos metálicos de purinas e pirimidinas, necessários para checar sistematicamente todas as possibilidades de ligações de hidrogênio concebíveis, não haviam ficado prontos a tempo. Ao menos mais dois dias seriam necessários antes que estivessem em nossas mãos. Isso era muito tempo para ficar no limbo, até mesmo para mim, portanto passei o resto da tarde cortando representações precisas das bases em cartolina. Mas, quando ficaram prontas, percebi que a resposta teria de ser adiada até o dia seguinte. Depois do jantar, eu me juntaria a um grupo da hospedaria de Pop no teatro.

Quando cheguei ao escritório ainda vazio na manhã seguinte, tirei logo os papéis da minha mesa para ter uma superfície grande e plana onde formar pares de bases unidos por ligações de hidrogênio. Apesar de começar com certo preconceito contra a ideia do semelhante-com-semelhante, vi muito bem que isso não levava a lugar algum. Quando Jerry entrou, olhei em sua direção, vi que não era Francis e comecei a trocar as posições das bases para criar outras possibilidades de pareamento. De repente, percebi que um par de adenina-timina unido por duas ligações de hidrogênio tinha forma idêntica a um par de guanina-citosina unido por pelo menos duas ligações de hidrogênio. Todos os elos de hidrogênio pareciam se formar naturalmente; não era preciso trapacear para tornar os dois tipos de pares de bases idênticos na forma. Rapidamente, chamei Jerry para perguntar se agora ele tinha alguma objeção aos meus novos pares de bases.

Quando ele disse que não, meu moral explodiu, pois suspeitei que agora tínhamos a resposta para o enigma da equivalência exata entre o número de resíduos de purinas e o de pirimidinas. Duas sequências de bases irregulares poderiam ser comprimidas regularmente no centro de uma hélice se uma purina sempre se ligasse por meio de hidrogênio a uma pirimidina. Além do mais, a necessidade de haver uma ligação de hidrogênio significava que a adenina sempre faria par com a timina, enquanto a guanina só poderia parear com a citosina. As regras de Chargaff se destacaram repentinamente como consequência de uma estrutura duplo-helicoidal para o DNA. Ainda mais animador era que esse tipo de dupla hélice sugeria um esquema de replicação muito mais satisfatório do que o meu pareamento semelhante-com-semelhante considerado por breves instantes. Parear sempre adenina com timina e guanina com citosina significava que as sequências de bases das duas cadeias entrelaçadas eram complementares uma à outra. Dada a sequência de bases de uma cadeia, a do seu par era automaticamente determinada. Conceitualmente, era muito fácil visualizar como uma cadeia única poderia ser o molde para a síntese de uma cadeia com a sequência complementar.

Ao chegar, Francis mal havia atravessado a porta quando deixei escapar que a resposta para tudo estava em nossas mãos. Embora ele tivesse mantido o ceticismo durante alguns momentos por questão de princípio, os pares com formatos similares A-T e G-C tiveram o impacto esperado. A junção apressada das bases de diferentes maneiras não revelou outro modo que satisfizesse as regras de Chargaff. Minutos depois, ele percebeu que duas ligações glicosídicas (unindo base e açúcar) de cada par de bases estavam relacionadas de modo sistemático por

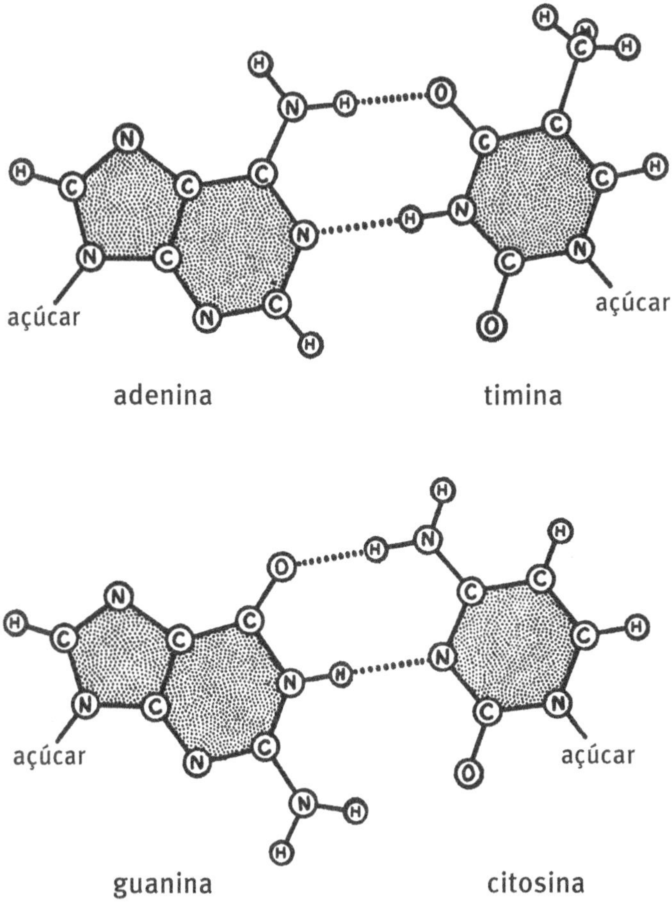

Os pares de bases adenina-timina e guanina-citosina, usados para construir a dupla hélice (as ligações de hidrogênio estão pontilhadas). A formação de uma terceira ligação de hidrogênio entre guanina e citosina foi considerada, mas rejeitada porque um estudo cristalográfico da guanina indicou que seria muito fraca. Agora se sabe que essa hipótese estava errada. Três ligações fortes de hidrogênio podem ser traçadas entre a guanina e a citosina.

um eixo diádico, perpendicular ao eixo helicoidal. Assim, os dois pares podiam ser intercambiados e as ligações glicosídicas continuariam viradas na mesma direção. A consequência importante disso era que uma determinada cadeia poderia conter tanto as purinas quanto as pirimidinas. Ao mesmo tempo, sugeria com força que os esqueletos das duas cadeias poderiam seguir em direções opostas.

A questão passou a ser descobrir se os pares de bases A-T e G-C se encaixariam facilmente na configuração do esqueleto imaginada nas duas semanas anteriores. À primeira vista, parecia ser uma boa aposta, porque eu deixara livre uma grande área vazia para as bases no centro. Entretanto, nós dois sabíamos que não voltaríamos para casa até que um modelo completo com todos os contatos estereoquímicos satisfatórios fosse construído. Havia também o fato óbvio de que as implicações de sua existência eram muito importantes para arriscar um alarme falso. Por isso, senti uma leve náusea quando, na hora do almoço, Francis entrou voando no Eagle para contar a todos que pudessem ouvir que tínhamos descoberto o segredo da vida.

27

Francis logo passou a se preocupar com o DNA em tempo integral. Na primeira tarde depois da descoberta de que os pares de bases A-T e G-C tinham formas similares, ele voltou às medições de sua tese, mas seu esforço foi em vão. Levantava constantemente da cadeira, olhava preocupado para os modelos em cartolina, montava outras combinações e, quando o período momentâneo de incerteza passou, olhou satisfeito e me disse como o nosso trabalho era importante. Fiquei feliz com aquelas palavras, embora não tivessem a modéstia informal considerada como comportamento padrão em Cambridge. Parecia quase inacreditável que a estrutura do DNA fora desvendada, que a resposta era incrivelmente empolgante e que nossos nomes seriam associados à dupla hélice, como o nome de Pauling era à α-hélice.

Quando o Eagle abriu, às seis, entrei com Francis para falar sobre o que precisava ser feito nos dias seguintes. Ele não queria perder tempo vendo se um modelo tridimensional satisfatório poderia ser construído, porque os geneticistas e bioquímicos de ácidos nucleicos não podiam desperdiçar tempo e recurso além do estritamente necessário. Eles teriam de ser informados sobre a resposta logo, para que pudessem reorientar suas pesquisas com base no nosso trabalho. Apesar de também estar ansioso para construir o modelo completo, pensei mais sobre Linus e a possibilidade de que se deparasse com os pares de bases antes que lhe déssemos a resposta.

Naquela noite, entretanto, não pudemos estabelecer a dupla hélice com firmeza. Até que as bases de metal estivessem à mão, qualquer construção de modelo ficaria muito malfeita para ser convincente. Voltei para a pensão de Pop para contar a Elizabeth e Bertrand que era provável que Francis e eu tivéssemos derrotado Pauling e que nossa resposta ia revolucionar a biologia. Ambos ficaram genuinamente contentes, Elizabeth com orgulho fraternal, Bertrand com a ideia de que poderia dizer à International Society que tinha um amigo que ganharia o Prêmio Nobel. A reação de Peter foi igualmente entusiasmada e não deu indicação de que se importasse com a possibilidade de uma primeira derrota científica real de seu pai.

Na manhã seguinte, me senti maravilhosamente vivo ao acordar. No caminho para o Whim, andei lentamente em direção à ponte Clare, encarando os pináculos góticos da capela do King's College que se projetavam em direção ao céu primaveril. Parei por um instante e examinei as características georgianas perfeitas do Gibbs Building recentemente limpo, pensando que muito do nosso sucesso se devia aos longos momentos de monotonia, nos quais andávamos entre as faculdades ou líamos discretamente os novos livros que chegavam à livraria Heffer. Depois de folhear o *Times* com prazer, caminhei para o laboratório para encontrar Francis, inquestionavelmente cedo, manipulando os pares de bases de cartolina em torno de uma linha imaginária. Os dois conjuntos de bases se encaixavam na configuração do esqueleto, de acordo com o que um compasso e uma régua poderiam lhe mostrar. Enquanto a manhã passava, Max e John vieram um depois do outro para ver se ainda achávamos que tínhamos a resposta. Cada um deles ganhou uma apresentação rápida e concisa de Francis, durante o breve momento em que desci para ver se a oficina poderia apressar a produção das purinas e pirimidinas e entregar naquela tarde.

Somente um pouco de incentivo foi necessário para que a soldagem final estivesse pronta nas duas horas seguintes. Os pratos de metal brilhantes foram imediatamente usados para fazer um modelo no qual, pela primeira vez, todos os componentes do DNA estavam presentes. Em cerca de uma hora, eu havia organizado os átomos em posições que satisfaziam tanto os dados de raios X quanto as leis da estereoquímica. A hélice resultante girava para a direita com as duas cadeias correndo em direções opostas. Apenas uma única pessoa podia mexer facilmente no modelo, por isso Francis não tentou inspecionar meu trabalho até que me afastei e disse que achava que tudo se encaixava. Apesar de um contato interatômico ser ligeiramente mais curto que o desejável, ele não era incompatível com vários valores publicados, e eu não estava perturbado com isso. Durante mais quinze minutos, Francis manipulou o modelo e não encontrou nada de errado, embora meu estômago tenha ficado inquieto durante intervalos breves ao vê-lo franzir a testa. Ele acabou satisfeito em todos os casos e prosseguiu para ver que outro contato interatômico era razoável. Tudo parecia muito bom quando voltamos para jantar com Odile.

A conversa durante o jantar se fixou em como divulgar a grande notícia. Maurice, em especial, teria de ser avisado logo. Mas, ao recordar o fiasco de dezesseis meses atrás, manter o King's no escuro fazia sentido até que as coordenadas exatas para todos os átomos fossem obtidas. Era muito fácil representar incorretamente uma série bem-sucedida de contatos atômicos, de forma que, embora cada um parecesse quase aceitável, a coleção toda fosse energeticamente impossível.

Suspeitávamos que não havíamos cometido esse erro, mas era possível que nosso julgamento pudesse ser influenciado pelas vantagens biológicas de moléculas de DNA complementares. Assim, os próximos dias seriam gastos com o uso de um fio de chumbo e uma fita métrica para obter as posições relativas de todos os átomos em um único nucleotídeo. Devido à simetria helicoidal, as localizações dos átomos em um nucleotídeo gerariam automaticamente as outras posições.

Depois do café, Odile quis saber se eles ainda teriam de ir para o exílio no Brooklyn se o nosso trabalho fosse tão sensacional quanto todos diziam. Talvez devêssemos ficar em Cambridge para solucionar outros problemas de importância semelhante.

Tentei encorajá-la, enfatizando que nem todos os homens americanos cortam todo o cabelo e que muitas mulheres americanas não usam meias soquete brancas nas ruas. Tive menos sucesso ao argumentar que a maior virtude dos Estados Unidos eram seus grandes espaços abertos, que as pessoas nunca frequentavam. Odile encarou horrorizada a perspectiva de ficar muito tempo longe de gente vestida de acordo com a moda. Além do mais, ela não podia acreditar que eu estava falando sério, porque eu tinha acabado de mandar fazer uma jaqueta ajustada ao corpo, diferente dos paletós que os americanos carregavam sobre os ombros.

Na manhã seguinte, novamente descobri que Francis chegara antes de mim ao laboratório. Ele já estava no trabalho ajustando o modelo nos suportes para poder checar as coordenadas atômicas. Enquanto movimentava os átomos para a frente e para trás, sentei na minha mesa pensando sobre as cartas que eu logo poderia escrever, contando que havíamos

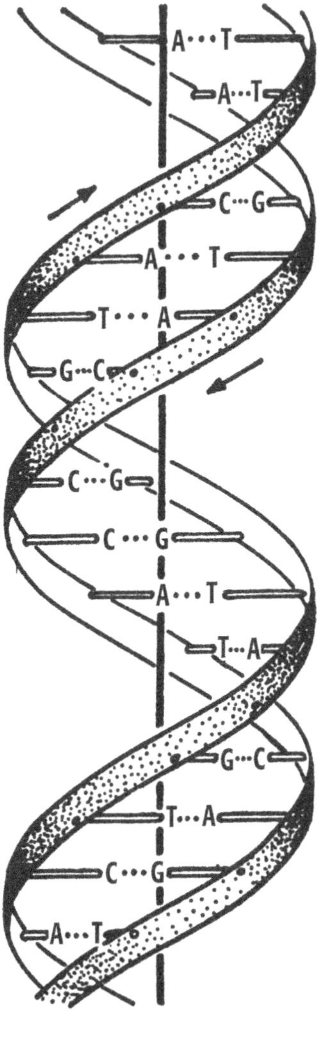

Uma ilustração esquemática da dupla hélice. Os dois esqueletos açúcar-fosfato se retorcem do lado de fora com os pares de bases planos ligados por hidrogênio, formando o núcleo. Vista dessa forma, a estrutura lembra uma escada em espiral, com os pares de bases no lugar dos degraus.

encontrado algo interessante. Às vezes, Francis parecia incomodado quando meus delírios me impediam de ver que ele precisava de ajuda para evitar que o modelo despencasse enquanto rearrumava os anéis do suporte.

Àquela altura, sabíamos que toda a minha agitação prévia sobre a importância dos íons Mg++ estivera direcionada para o lado errado. Era mais provável que Maurice e Rosy estivessem certos ao insistir que estavam olhando para o sal Na+ do DNA. Mas, com o esqueleto açúcar-fosfato do lado de fora, não importava qual sal estava presente. Ambos se encaixariam perfeitamente bem na dupla hélice.

Bragg deu a primeira olhada naquela manhã. Ele passara dias em casa com gripe e estava de cama quando soube que Crick e eu havíamos pensado em uma estrutura engenhosa de DNA que poderia ser importante para a biologia. Durante seu primeiro momento livre após voltar ao Cavendish, escapou de seu escritório para ver aquilo ao vivo. Ele captou imediatamente a relação complementar entre as duas cadeias e viu como a equivalência de adenina com timina e de guanina com citosina era uma consequência lógica da forma regular repetitiva do esqueleto açúcar-fosfato. Como ele não conhecia as leis de Chargaff, revisei as evidências experimentais sobre as proporções relativas das diversas bases, observando que ele ficava cada vez mais entusiasmado com as implicações potenciais para a replicação de genes. Quando a questão das evidências radiográficas apareceu, ele percebeu por que nós ainda não havíamos chamado o grupo do King's. Ele ficou incomodado, no entanto, por não termos perguntado ainda a opinião de Todd. Dizer a Bragg que havíamos compreendido a química orgânica corretamente não o deixou totalmente tranquilo. O risco de estarmos usando a fórmula química errada era pequeno, mas, como Crick falava rápido demais, Bragg nunca podia ter certeza de que ele diminuiria o ritmo por tempo suficiente para que captasse os fatos corretos. Ficou combinado que Todd viria assim que tivéssemos um conjunto de coordenadas atômicas.

O toque final das coordenadas foi concluído na noite seguinte. Na falta de evidências radiográficas exatas, não estávamos confiantes de que a configuração escolhida estava precisamente correta. Mas isso não nos aborreceu, porque queríamos estabelecer apenas que ao menos uma hélice complementar específica de duas cadeias era estereoquimicamente possível. Até que isso fosse esclarecido, poderiam levantar uma objeção de que, apesar de nossa ideia ser elegante esteticamente, a forma do esqueleto açúcar-fosfato poderia não permitir sua existência. Felizmente, agora sabíamos que isso não era verdade. Então almoçamos, dizendo um ao outro que uma estrutura tão bonita como aquela tinha de existir.

Com a tensão dissipada, fui jogar tênis com Bertrand e disse a Francis que, à tarde, escreveria para Luria e Delbrück a respeito da dupla hélice. Também ficou combinado que John Kendrew ligaria para Maurice para dizer que ele deveria vir olhar o que Francis e eu tínhamos acabado de conceber. Nem Francis nem eu queríamos essa tarefa. Horas mais cedo, o correio havia trazido uma nota na qual Maurice dizia a Francis que estava prestes a mergulhar de cabeça no DNA e que planejava dar ênfase à construção de modelos.

28

Maurice precisou olhar para o modelo por apenas um minuto para gostar dele. John o alertara de que se tratava de um negócio de duas cadeias, mantidas unidas pelos pares de bases A-T e G-C e, imediatamente após entrar em nosso escritório, estudou suas características detalhadas. O fato de ter duas e não três cadeias não o aborreceu, porque sabia que as evidências nunca pareceram óbvias. Enquanto Maurice encarava silenciosamente o objeto de metal, Francis ficou parado ali, falando às vezes rápido demais sobre que tipo de diagrama radiográfico a estrutura devia produzir, tornando-se, então, estranhamente ruidoso quando percebeu que o desejo de Maurice era olhar para a dupla hélice, e não assistir a uma palestra sobre teoria cristalográfica que ele poderia aprender por si mesmo. Nossa decisão de colocar a guanina e a timina na forma cetônica não foi questionada. Fazer de outro modo destruiria os pares de bases, e Maurice aceitou a argumentação de Jerry Donohue como se fosse um lugar-comum.

O resultado inesperado de ter Jerry dividindo o escritório com Francis, Peter e eu, apesar de óbvio para todos, não foi mencionado. Se ele não tivesse estado conosco em Cambridge, eu ainda poderia estar insistindo em uma estrutura semelhante-com-semelhante. Maurice, em um laboratório sem nenhum químico estrutural, não tinha ninguém por perto para lhe dizer que todas as imagens dos livros estavam erradas. Mas, para Jerry, somente Pauling tinha a chance de fazer a escolha certa e manter a fé nas consequências.

O próximo passo científico era comparar seriamente os dados radiográficos experimentais com o padrão de difração previsto por nosso modelo. Maurice voltou para Londres dizendo que mediria, em breve, as reflexões críticas. Não havia sinal de amargura em sua voz, e me senti bastante aliviado. Até sua visita, eu estivera apreensivo, achando que ele pareceria sombrio, infeliz por termos tomado parte da glória que poderia ter ido toda para ele e seus colegas mais jovens. Mas não havia traço de ressentimento em seu rosto, e, do seu modo superior, estava completamente empolgado com o fato de que a estrutura se provaria de grande benefício para a biologia.

Ele havia chegado a Londres apenas dois dias antes de nos telefonar para dizer que tanto ele quanto Rosy haviam descoberto que seus dados de raios X apoiavam fortemente a dupla hélice. Estavam escrevendo depressa os resultados e queriam publicá-los simultaneamente ao nosso anúncio dos pares de bases. A *Nature* era o lugar certo para uma publicação rápida, porque, se Bragg e Randall apoiassem com firmeza os manuscritos, poderiam ser publicados um mês depois de recebidos. Entretanto, não haveria apenas um artigo do King's. Rosy e Gosling relatariam seus resultados em separado dos resultados de Maurice e seus colaboradores.

O fato de Rosy ter aceitado de imediato o modelo, a princípio, me surpreendeu. Eu temi que sua mente teimosa e afiada, presa na armadilha anti-helicoidal montada por ela mesma, poderia desenterrar resultados irrelevantes, que cultivariam incerteza sobre a assertividade da dupla hélice. Entretanto, como quase todo mundo, ela enxergou o apelo dos pares de bases e aceitou o fato de que a estrutura era muito bonita para não ser verdadeira. Além do mais, mesmo antes de conhecer nossa proposta, as evidências radiográficas a levavam, mais do que queria admitir, em direção a uma estrutura helicoidal. O posicionamento do esqueleto do lado de fora da molécula foi uma exigência de suas evidências e, dada a necessidade de manter as bases unidas por ligações de hidrogênio, a singularidade dos pares A-T e G-C era um fato que ela não via razão para discutir.

Ao mesmo tempo, sua enorme implicância com Francis e comigo desmoronou. De início, hesitamos em discutir a dupla hélice com ela, por temer a irritação presente em nossos encontros anteriores. Mas Francis percebeu a mudança na atitude dela quando esteve em Londres para falar com Maurice sobre detalhes das imagens radiográficas. Pensando que Rosy não queria nada com ele, conversou longamente com Maurice, até perceber, aos poucos, que ela queria seus conselhos sobre cristalografia e estava preparada para substituir a hostilidade aberta por conversas entre dois iguais. Com um prazer visível, Rosy mostrou seus dados a Francis, e, pela primeira vez, ele pôde ver como a afirmação dela de que o esqueleto açúcar-fosfato estava do lado de fora da molécula não podia estar errada. As declarações inflexíveis do passado sobre esse assunto refletiam uma ciência de primeiro nível, não as explosões de uma feminista perdida.

A transformação de Rosy fora obviamente influenciada por sua percepção de que nossas desavenças passadas sobre a construção de modelos representavam uma abordagem séria da ciência, não o refúgio fácil de vagabundos que queriam evitar o trabalho duro necessário para uma carreira científica honesta. Também ficou claro para nós que as dificuldades de Rosy com Maurice e Randall estavam ligadas à necessidade

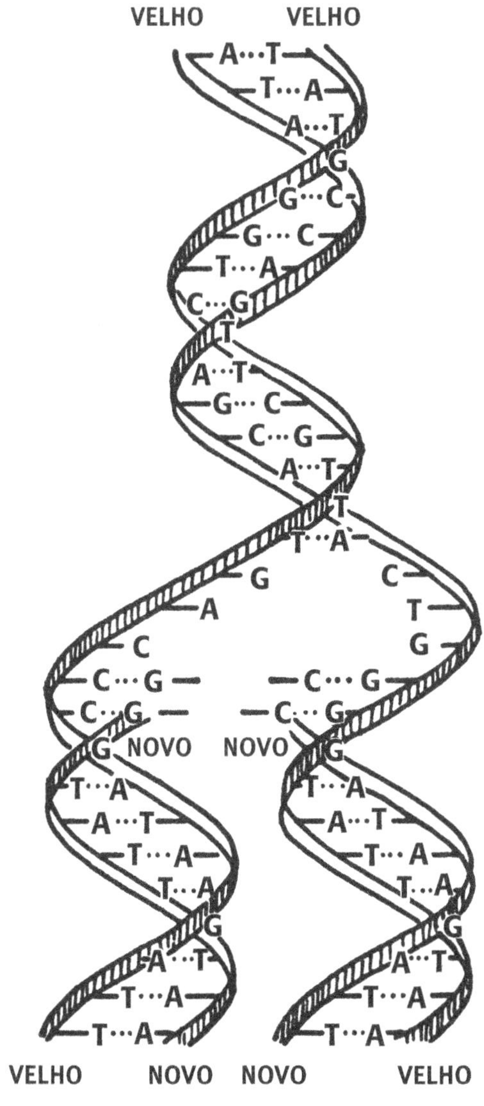

Método vislumbrado para a duplicação do DNA, dada a natureza complementar da sequência de bases nas duas cadeias.

compreensível de ela ser igual às pessoas com quem trabalhava. Logo após entrar no laboratório do King's, havia se rebelado contra sua estrutura hierárquica e se ofendera porque suas habilidades cristalográficas de primeira não tiveram reconhecimento formal.

Duas cartas vindas de Pasadena naquela semana trouxeram a notícia de que Pauling ainda estava muito distante de nós. A primeira veio de Delbrück e dizia que Linus acabara de dar um seminário no qual descrevera uma modificação em sua estrutura do DNA. Ainda mais atípico, o manuscrito que ele enviara a Cambridge fora publicado antes que seu colaborador, R.B. Corey, pudesse medir com precisão as distâncias interatômicas. Quando isso finalmente foi feito, encontraram diversos contatos inaceitáveis, que não poderiam ser contornados com pequenas mudanças. O modelo de Pauling também era impossível segundo os parâmetros estereoquímicos diretos. Ele esperava, contudo, reverter a situação, realizando uma modificação sugerida por seu colega Verner Schomaker. Na forma revista, os átomos de fosfato eram girados a 45 graus, o que permitia que um grupo diferente de átomos de oxigênio formasse uma ligação de hidrogênio. Depois da palestra de Linus, Delbrück disse a Schomaker que não estava convencido de que Linus estivesse certo, porque acabara de receber o bilhete no qual eu dizia que tivera uma nova ideia para a estrutura do DNA.

Os comentários de Delbrück foram transmitidos de imediato a Pauling, que me escreveu em seguida. A primeira parte da carta denunciou nervosismo; ele não foi direto ao ponto, mas me fez um convite para participar de um encontro sobre proteínas, ao qual decidira acrescentar uma seção sobre ácidos nucleicos. Depois se abriu e pediu detalhes da bela estrutura que eu mencionara a Delbrück. Ao ler a carta, dei um suspiro profundo ao perceber que Delbrück não sabia da dupla hélice complementar na época da apresentação de Linus. Em vez disso, ele se referia à ideia do semelhante-com-semelhante. Felizmente, quando minha carta chegou à Caltech, esses pares de bases haviam caído por terra. Senão, eu estaria na posição terrível de ter de informar a Delbrück e Pauling que escrevera impetuosamente sobre uma ideia com apenas doze horas de vida, e que ela durara somente vinte e quatro horas antes de morrer.

Todd fez sua visita oficial no fim da semana, chegando do laboratório de química com alguns colegas mais jovens. A rápida incursão verbal de Francis sobre a estrutura e suas implicações não perdera nenhum interesse por haver sido repetida muitas vezes por dia na semana anterior. O tom de sua excitação aumentava a cada dia e, sempre que Jerry ou eu ouvíamos a voz de Francis pregando para rostos novos, saíamos do escritório até que os novos convertidos partissem e pudéssemos retomar um trabalho organizado. Todd era outro assunto, porque eu queria ouvi-lo dizer a Bragg que nós havíamos seguido corretamente seus progressos na química do esqueleto açúcar-fosfato. Ele também concordou com as configurações cetônicas, dizendo que seus amigos químicos orgânicos haviam desenhado grupos enólicos por razões puramente arbitrárias. Saiu após parabenizar Francis e eu por nosso excelente trabalho químico.

Logo deixei Cambridge para passar uma semana em Paris. A viagem para encontrar Boris e Harriet Ephrussi fora organizada algumas semanas antes. Como a maior parte do nosso trabalho parecia terminada, não vi razão para adiar uma visita que agora tinha o bônus de me permitir que fosse o primeiro a falar da dupla hélice nos laboratórios de Ephrussi e Lwoff. Francis, entretanto, não ficou feliz e disse que uma semana era tempo demais para abandonar um trabalho de tamanha importância como aquele. Uma reprimenda à minha seriedade, contudo, não era do meu agrado – especialmente quando John havia acabado de mostrar a Francis e a mim uma carta de Chargaff na qual nós éramos mencionados. Um pós-escrito pedia informações sobre o que seus palhaços científicos estavam fazendo.

29

PAULING SOUBE DA DUPLA HÉLICE pela primeira vez por Delbrück. No final da carta que revelava a novidade das cadeias complementares, pedi que ele não contasse nada a Linus. Ainda temia que algo desse errado e não queria que Pauling pensasse sobre pares de bases ligadas por hidrogênio até que tivéssemos mais alguns dias para assimilar nossa posição. Meu pedido, no entanto, foi ignorado. Delbrück quis contar a todos em seu laboratório e sabia que, em uma questão de horas, a fofoca viajaria de seu laboratório de biologia para os amigos que trabalhavam com Linus. Além disso, Pauling o fizera prometer que ele lhe diria no minuto em que eu lhe contasse. Havia ainda a consideração mais importante de que Delbrück odiava toda forma de segredo sobre assuntos científicos e não queria manter Pauling em suspense nem mais um instante.

A reação de Pauling foi de genuína animação, assim como a de Delbrück. Em praticamente qualquer outra situação, Pauling defenderia os pontos positivos de sua ideia. Os méritos biológicos extraordinários de uma molécula de DNA autocomplementar o fizeram admitir a derrota. Ele queria, no entanto, ver a evidência do King's antes de considerar o assunto encerrado e esperava que isso fosse possível em três semanas, quando iria a Bruxelas para um encontro da Solvay sobre proteínas na segunda semana de abril.

Uma carta de Delbrück que recebi logo após voltar de Paris, em 18 de março, revelou que Pauling já sabia de tudo. Na época, isso não nos incomodou, porque as evidências a favor dos pares de bases eram crescentes. Um pedaço-chave de informação fora obtido no Instituto Pasteur. Lá, eu encontrara Gerry Wyatt, um bioquímico canadense que conhecia muito bem as razões entre as bases do DNA. Ele havia analisado o DNA dos grupos de bacteriófagos T2, T4 e T6. Nos dois anos anteriores, diziam que esse DNA tinha a propriedade estranha de ausência de citosina, uma característica obviamente impossível para nosso modelo. Mas Wyatt dizia agora que ele, junto com Seymour Cohen e Al Hershey, tinha evidências de que esses fagos continham um tipo modificado de citosina chamado 5-hidroximetilcitosina. Mais importante ainda, essa quantidade equivalia à quantidade da guanina. Isso apoiava lindamente a dupla hélice, porque a 5-hidroximetilcitosina deveria ser ligada a hidrogênio, como a citosina. A grande precisão dos dados, que ilustrava melhor do que qualquer trabalho analítico prévio a equivalência de adenina com timina e de guanina com citosina, também era uma satisfação.

Enquanto eu estivera fora, Francis começara a estudar a estrutura da molécula de DNA na forma A. Trabalhos anteriores no laboratório de Maurice mostraram que fibras cristalinas de DNA no formato A aumentam de comprimento quando absorvem água e passam para a forma B. Francis presumiu que a forma A, mais compacta, podia ser obtida inclinando os pares de bases, diminuindo, em consequência disso, a distância translacional de um par de bases ao longo do eixo de fibras para cerca de 2,6 Å. Ele começou, assim, a construir um modelo com bases inclinadas. Apesar de se mostrar mais difícil de encaixar do que a estrutura B, mais aberta, um modelo A satisfatório me esperava no meu retorno.

Na semana seguinte, os primeiros rascunhos do nosso artigo para a *Nature* foram distribuídos e dois deles foram enviados a Londres para comentários de Maurice e Rosy. Eles não tinham objeções reais, a não ser a expectativa de que mencionássemos que Fraser, do laboratório deles, considerara a existência de bases ligadas por hidrogênio antes do nosso trabalho. Os esquemas de Fraser, cujos detalhes desconhecíamos até então, sempre lidaram com grupos de três bases ligadas por hidrogênio no centro, muitas das quais nós sabíamos agora que estavam em formas tautoméricas erradas. Assim, a sua ideia não parecia valer ser ressuscitada apenas para ser enterrada em seguida. Entretanto, quando Maurice pareceu aborrecido com nossa objeção, acrescentamos a referência solicitada. Tanto o artigo de Rosy quanto o de Maurice cobriram aproximadamente os mesmos fundamentos e, em cada caso, interpretaram seus resultados nos termos dos pares de bases. Por um instante, Francis quis expandir nossa nota para escrever longamente sobre as implicações biológicas da descoberta. Mas finalmente reconheceu o argumento a favor de uma observação breve e compôs a sentença: "Não escapou à nossa atenção que o emparelhamento específico que nós postulamos sugere de imediato um possível mecanismo de cópia para o material genético."

Sir Lawrence viu o artigo em sua forma praticamente final. Depois de sugerir uma pequena alteração estilística, expressou com entusiasmo sua disposição de enviá-lo para a *Nature* com uma carta de apresentação enfática. A solução para a estrutura trazia uma alegria genuína a Bragg. Que o resultado tivesse saído do Cavendish, e não de Pasadena, era obviamente um dos motivos. Mais importante do que isso, no entanto, era a natureza inesperadamente incrível da resposta e o fato de que o método radiográfico que ele desenvolvera quarenta anos antes estava no centro de uma profunda compreensão da natureza da vida em si.

A versão final estava pronta para ser datilografada no último fim de semana de março. A datilógrafa do Cavendish não estava disponível, e o breve trabalho foi passado para minha irmã. Não houve problema em persuadi-la a passar uma tarde de sábado trabalhando nisso, porque lhe dissemos que ela participava do que era talvez o evento mais célebre da biologia desde o livro de Darwin. Francis e eu a supervisionamos enquanto ela datilografava o artigo de novecentas palavras que começava com "Gostaríamos de sugerir uma estrutura para o sal do ácido desoxirribonucleico (DNA). Essa estrutura tem características novas que são de interesse biológico considerável". Na terça-feira, o manuscrito foi enviado ao escritório de Bragg e, na quarta, 2 de abril, seguiu para os editores da *Nature*.

Linus chegou a Cambridge na noite de sexta-feira. Ele parou a caminho de Bruxelas, onde iria para o evento da Solvay, para ver Peter e analisar o modelo. Sem pensar, Peter deu um jeito para que ele ficasse na Pop. Logo, descobrimos que Linus teria preferido um hotel. A presença de garotas estrangeiras no café da manhã não compensava a falta de água quente no quarto. No sábado de manhã, Peter o trouxe até o escritório, onde, após cumprimentar Jerry com as notícias da Caltech, começou a examinar o modelo. Apesar de Linus ainda querer ver as medidas quantitativas do laboratório do King's, defendemos o nosso raciocínio, mostrando uma cópia da fotografia de Rosy do modelo B. Estávamos com todas as cartas certas na mão e, de forma elegante, ele concordou que tínhamos a resposta.

Bragg veio buscar Linus para levá-lo, junto com Peter, para almoçar em sua casa. Naquela noite, os dois Pauling, junto com Elizabeth e eu, jantamos com os Crick, em Portugal Place. Francis, talvez por causa da presença de Linus, estava meio mudo e o deixou jogar charme para minha irmã e Odile. Apesar de termos tomado uma quantidade razoável de vinho, a conversa não chegou a ficar animada, e senti que Pauling preferia falar comigo, claramente um membro incompleto da geração mais jovem, do que com Francis. A conversa não durou muito, porque Linus, ainda no horário da Califórnia, estava ficando cansado, e a festa terminou à meia-noite.

Elizabeth e eu voamos na tarde seguinte para Paris, onde Peter se juntaria a nós um dia depois. Dez dias após nossa chegada, ela navegaria para os Estados Unidos a caminho do Japão para se casar com um americano que conhecera na faculdade. Esses seriam nossos últimos dias juntos, ao menos com o espírito livre de preocupações que marcou nossa fuga do Meio-oeste e da cultura americana, sobre os quais era fácil ser ambivalente. Na segunda-feira de manhã, fomos ao Faubourg St.-Honoré para ver, pela última vez, sua elegância. Lá, espiando uma loja cheia de guarda-chuvas lustrosos, me dei conta de que devia lhe dar um de presente de casamento, e nós o compramos. Depois ela encontrou uma amiga para tomar o chá enquanto voltei, atravessando o Sena, para o nosso hotel, próximo ao Palais du Luxembourg. Mais tarde, naquela noite, íamos comemorar o meu aniversário com Peter. Mas agora eu estava sozinho, olhando as garotas de cabelos compridos perto de St.-Germain-des-Prés e sabendo que elas não eram para mim. Eu tinha vinte e cinco anos e estava muito velho para ser diferente.

Epílogo

Praticamente todas as pessoas mencionadas neste livro estão vivas e intelectualmente ativas. Herman Kalckar foi para os Estados Unidos como professor de bioquímica na Harvard Medical School, enquanto John Kendrew e Max Perutz permaneceram em Cambridge, onde continuaram seu trabalho radiográfico com proteínas, pelo qual receberam o Prêmio Nobel de Química em 1962. Sir Lawrence Bragg manteve seu interesse entusiasmado na estrutura das proteínas quando se mudou para Londres, em 1954, para se tornar diretor da Royal Institution. Hugh Huxley, após passar muitos anos em Londres, voltou a Cambridge, para trabalhar no mecanismo da contração muscular. Francis Crick, após um ano no Brooklyn, voltou a Cambridge para trabalhar na natureza e na operação do código genético, um campo no qual ele é reconhecido como líder mundial na última década. Os trabalhos de Maurice Wilkins continuaram centrados no DNA por alguns anos até que ele e seus colaboradores estabeleceram para além de qualquer dúvida que as características essenciais da dupla hélice estavam corretas. Após dar uma importante contribuição para a estrutura do ácido ribonucleico, ele mudou a direção de sua pesquisa para a organização e operação de sistemas nervosos. Peter Pauling mora agora em Londres, onde ensina química no University College. Seu pai, aposentado recentemente da docência na Caltech, concentra suas atividades científicas tanto na estrutura do núcleo atômico quanto na química estrutural teórica. Minha irmã, após passar muitos anos no Oriente, mora com seu marido, editor, e três crianças em Washington.

Todas essas pessoas, se quiserem, podem mencionar acontecimentos e detalhes que recordam de forma diferente. Mas há uma triste exceção. Em 1958, Rosalind Franklin morreu precocemente aos trinta e sete anos. Como as minhas impressões iniciais sobre ela, tanto científicas quanto pessoais (como registrado nas páginas iniciais deste livro), estavam muitas vezes erradas, eu gostaria de dizer aqui algo sobre suas conquistas. O trabalho com raios X que ela conduziu no King's é considerado, cada vez mais, excepcional. O esclarecimento das formas A e B, em si, teria feito sua reputação; a demonstração, em 1952, de que os grupos fosfato tinham de estar do lado de fora da molécula de DNA, usando para isso métodos de superposição de Patterson, foi ainda melhor. Mais tarde, quando se transferiu para o laboratório de Bernal, Rosy começou a trabalhar com o vírus do mosaico do tabaco e logo expandiu nossas ideias qualitativas sobre a construção helicoidal em uma imagem quantitativa precisa, estabelecendo definitivamente os parâmetros helicoidais essenciais *e* situando a corrente ribonucleica no meio do caminho do eixo central.

Por estar dando aulas nos Estados Unidos, eu não a vi com a mesma frequência que Francis, a quem Rosy procurava muitas vezes, atrás de conselhos, ou quando havia feito algo verdadeiramente bonito, para se certificar de que ele concordava com seu raciocínio. Àquela altura, todos os traços de nossa rixa anterior haviam sido esquecidos, e nós dois acabamos apreciando muito sua honestidade pessoal e generosidade, percebendo, anos mais tarde, as batalhas que uma mulher inteligente enfrenta para ser aceita por um mundo científico que, com frequência, enxerga as mulheres como meras distrações do pensamento sério. A coragem e a integridade exemplares de Rosalind ficaram visíveis para todos quando, ao saber que estava em estágio terminal, ela não reclamou e continuou realizando um trabalho de alto nível até poucas semanas antes de morrer.

A carta de Watson a Delbrück explicando a dupla hélice

UNIVERSITY OF CAMBRIDGE DEPARTMENT OF PHYSICS

TELEPHONE
CAMBRIDGE 55478

CAVENDISH LABORATORY
FREE SCHOOL LANE
CAMBRIDGE

March 12, 1953

Dear Max

Thank you very much for your recent letters. We were quite interested in your account of the Pauling Seminar. The day following the arrival of your letter, I received a note from Pauling, mentioning that their model had been revised, and indicating interest in our model. We shall thus have to write him in the near future as to what we are doing. Until now we preferred not to write him since we did not want to commit ourselves until we were completely sure that all of the van der Waals contacts were correct and that all aspects of our structure were stereochemically feasible. I believe now that we have made sure that our structure can be built and today we are laboriously calculating out exact atomic coordinates.

Our model (a joint project of Francis Crick and myself) bears no relationship to either the original or to the revised Pauling-Corey-Schomaker models. It is a strange model and embodies several unusual features. However since DNA is an unusual substance, we are not hesitant in being bold. The main features of the model are (1) The basic structure is helical – it consists of two intertwining helices – the core of the helix is occupied by the purine and pyrimidine bases. – The phosphate groups are on the outside (2) the helices are not identical, but complementary so that if one helix contains a purine base, the other helix contains a pyrimidine. This feature is a result of our attempt to make the residues equivalent and at the same time put the purines and pyrimidine bases in the center. The pairing of the purine with pyrimidine is very exact and dictated by their desire to form hydrogen bonds. – Adenine will pair with Thymine while Guanine will always pair with Cytosine. For example

(next page).

UNIVERSITY OF CAMBRIDGE DEPARTMENT OF PHYSICS

TELEPHONE
CAMBRIDGE 55478

CAVENDISH LABORATORY
FREE SCHOOL LANE
CAMBRIDGE

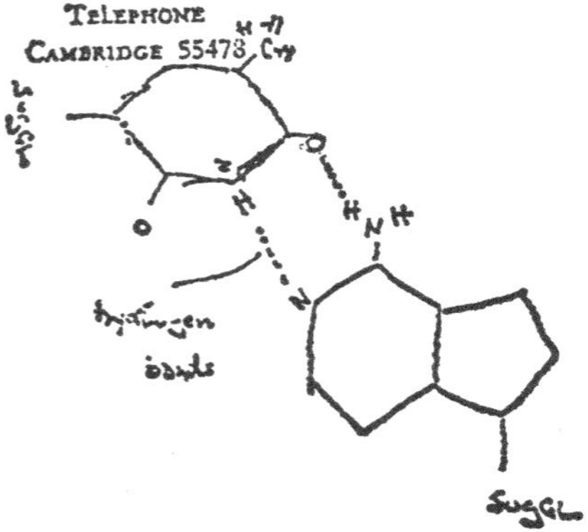

Thymine with Adenine

or

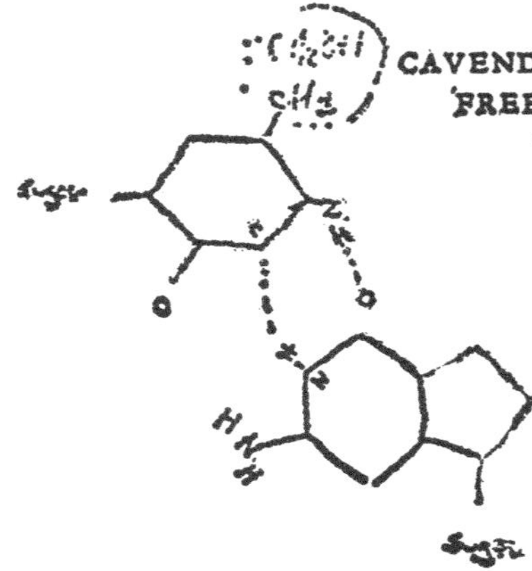

Cytosine with Guanine

While my diagram is crude, in fact these pairs form 2 very nice hydrogen bonds in which all of the angles are exactly right. This pairing is based on the effective existence of only one out of the two possible tautomeric forms – in all cases we prefer the keto form over the enol, and the amino over the imino. This is definitely an <u>assumption</u> but Jerry Donohue and

Bill Cochran tells us that, for all organic molecules so far examined, the keto and amino forms are present in preference to the enol and imino possibilities.

The model has been derived almost entirely from stereochemical considerations with the only x-ray consideration being the spacing between the pair of bases 3.4A which was originally found by Astbury. It tends to build itself with approximately 10 residues per turn in 34 A. The screw is right handed.

The x-ray pattern approximately agrees with the model, but since the photographs available to us are poor and meagre (we have no photographs of our own and like Pauling must use Astbury's photographs) this agreement in no way constitutes a proof of our model. We are certainly a long way from proving its correctness. To do this we must obtain collaboration from the group at Kings College London who possess very excellent photographs of a crystalline phase in addition to rather good photographs of a paracrystalline phase. Our model has been made in reference to the paracrystalline form and as yet we have no clear ideas as to how these chains can

UNIVERSITY OF CAMBRIDGE DEPARTMENT OF PHYSICS

TELEPHONE
CAMBRIDGE 55478

CAVENDISH LABORATORY
FREE SCHOOL LANE
CAMBRIDGE

pack together to form the crystalline phase.

In the next day or so Crick and I shall send a note to Nature proposing our structure as a possible model, at the same time emphasizing its provisional nature and the lack of proof in its favor. Even if wrong I believe it to be interesting since it provides a concrete example of a structure composed of complementary chains. If by chance, it is right then I suspect we may be making a slight dent into the manner in which DNA can reproduce itself. For these reasons (in addition to many others) I prefer this type of model even Paulings which if true would tell us next to nothing about means of DNA reproduction.

I shall write you in a day or so about the recombination paper. Yesterday I received a very interesting note from Bill Hayes. I believe he is sending you a copy.

I have met Alfred Tissieres recently. He seems very nice. He speaks fondly of Pasadena and I suspect has not yet become accustomed to being a Fellow of Kings.

My regards to Manny

Jim

P.S. We would prefer your not mentioning this letter to Pauling. When our letter to Nature is completed we shall send him a copy. We should like to send him coordinates.

1ª EDIÇÃO [2014]

ESTA OBRA FOI COMPOSTA POR LETRA E IMAGEM EM DANTE PRO
E IMPRESSA PELA UMLIVRO EM PROCESSO DE IMPRESSÃO SOB
DEMANDA SOBRE PAPEL PÓLEN SOFT DA SUZANO S.A. PARA
A EDITORA SCHWARCZ A PARTIR DE MAIO DE 2020

FSC
www.fsc.org
MISTO
Papel produzido a partir de fontes responsáveis
FSC® C128038

A marca FSC® é a garantia de que a madeira utilizada na fabricação do papel deste livro provém de florestas que foram gerenciadas de maneira ambientalmente correta, socialmente justa e economicamente viável, além de outras fontes de origem controlada.